园艺探要
——园艺植物栽培与病虫害防治研究

刘建海　王宁堂 / 著

吉林大学出版社
·长春·

图书在版编目（CIP）数据

园艺探要：园艺植物栽培与病虫害防治研究 / 刘建海，王宁堂著 .—长春：吉林大学出版社，2021.7
ISBN 978-7-5692-8527-7

Ⅰ . ①园… Ⅱ . ①刘… ②王… Ⅲ . ①园艺作物－栽培技术②园林植物－病虫害防治 Ⅳ . ① S6 ② S436.8

中国版本图书馆 CIP 数据核字（2021）第 134682 号

书　　名：园艺探要——园艺植物栽培与病虫害防治研究
　　　　　YUANYI TANYAO——YUANYI ZHIWU ZAIPEI YU BINGCHONGHAI FANGZHI YANJIU
作　　者：刘建海　王宁堂　著
策划编辑：邵宇彤
责任编辑：曲　楠
责任校对：张文涛
装帧设计：优盛文化
出版发行：吉林大学出版社
社　　址：长春市人民大街 4059 号
邮政编码：130021
发行电话：0431-89580028/29/21
网　　址：http://www.jlup.com.cn
电子邮箱：jdcbs@jlu.edu.cn
印　　刷：定州启航印刷有限公司
成品尺寸：170mm×240mm　　16 开
印　　张：16.25
字　　数：285 千字
版　　次：2021 年 7 月第 1 版
印　　次：2021 年 7 月第 1 次
书　　号：ISBN 978-7-5692-8527-7
定　　价：85.00 元

版权所有　　翻印必究

前 言

在现代农业中,园艺是一个重要的组成部分,其在丰富人类营养、改造人类生存环境等方面具有非常重要的意义。其实,园艺的起源可追溯到石器时代,当人类开始将植物栽培到园圃中的时候,园艺便随之产生了。当然,随着园艺的发展,现代园艺早已经打破了园圃栽培的局限,具有了更加丰富的内涵。的确,在园艺漫长的发展进程中,随着人类对园艺及植物认识的改变,园艺涵盖的范畴也从最初的"食用"逐渐拓展到后来的"观赏",并成为人类审美对象中不可或缺的部分。

提起园艺植物,栽培与病虫害防治是两个永恒的话题,本书的撰写也是围绕这两个方向展开。第一章就园艺植物基础及其理论进行了论述;第二章分析了影响园艺植物栽培的几个重要因素;第三章以园艺植物的育种为落脚点,针对园艺植物的种质资源与育种新技术进行了探索;第四章就园艺植物的繁殖与定植进行了系统的论述;第五章从不同角度论述了园艺植物的栽培管理;第六章聚焦园艺植物的病虫害防治,在就园艺植物病虫害防治基础进行系统阐述的基础上,针对不同种类园艺植物的病虫害,总结了绿色防治方法;最后一章则以园艺植物病虫害防治中必不可少的农药为研究重点,针对农药的使用和检测进行了论述。

本书逻辑框架清楚明了,笔者在论述时也力求逻辑清晰、语言简单明了,但限于笔者语言水平,论述中难免有疏漏之处,恳请广大读者与同行批评指正。

刘建海　王宁堂
2021 年 4 月

目 录

第一章　园艺植物基础及其理论概述 / 001

　　第一节　园艺与园艺植物的起源及发展 / 003
　　第二节　园艺植物的分类 / 008
　　第三节　园艺植物的生物学特征 / 019

第二章　园艺植物栽培的影响因素分析 / 035

　　第一节　土壤因素及其调控 / 037
　　第二节　温度因素及其调控 / 045
　　第三节　光照因素及其调控 / 052
　　第四节　水分因素及其调控 / 056
　　第五节　气体因素及其调控 / 063

第三章　园艺植物的育种研究 / 069

　　第一节　园艺植物育种简述 / 071
　　第二节　园艺植物的种质资源分析 / 075
　　第三节　园艺植物育种的新技术 / 084

第四章　园艺植物的繁殖与定植 / 097

　　第一节　园艺植物的有性繁殖 / 099
　　第二节　园艺植物的无性繁殖 / 107
　　第三节　园艺植物的栽植 / 122

第五章 园艺植物的栽培管理 / **133**

第一节 园艺植物的田间管理 / **135**
第二节 园艺植物的植株管理 / **144**
第三节 园艺植物的花果管理 / **153**

第六章 园艺植物病虫害防治基础与方法概述 / **161**

第一节 园艺植物病虫害的基础解读 / **163**
第二节 园艺植物病虫害的调查与预测 / **173**
第三节 园艺植物病虫害防治的基本方法 / **181**

第七章 不同种类园艺植物的病虫害绿色防治方法 / **189**

第一节 果树类园艺植物病虫害防治 / **191**
第二节 蔬菜类园艺植物病虫害防治 / **199**
第三节 观赏类园艺植物病虫害防治 / **207**

第八章 园艺植物农药使用及检测技术 / **215**

第一节 农药与农药使用基础阐述 / **217**
第二节 农药施药新技术的应用 / **223**
第三节 农药残留检测与控制 / **227**

参考文献 / **231**

附录 《农药管理条例》 / **239**

第一章

园艺植物基础及其理论概述

第一节　园艺与园艺植物的起源及发展

一、园艺的起源与发展

（一）中国园艺的起源与发展

中国园艺的起源可以追溯到殷商时代。在河南安阳发现的商代都城遗址殷墟中出土的甲骨碎片中，辨认出了"囿"字，"囿"字表示人类圈定的园地，这是中国园艺的萌芽。到了春秋战国时期，园艺有了进一步的发展，人类圈定的园地开始出现果园与蔬菜园之分，并且植物的种类有了明显的增长。从我国最早的诗歌总集《诗经》中，我们能够总结出上百种园艺植物，如葫芦、笋、枣、桃、李、梅等。

到了秦汉时期，栽培技术的发展以及中西交流的增多，使中国园艺迎来了一个全新的时代。《汉书》中便有关于利用火室、火炕在冬季进行蔬菜栽培的记载，这说明当时的人们已经认识到了温度对植物生长的影响。而在汉武帝开通丝绸之路之后，在向西方国家输送丝绸、瓷器等物品的同时，从西方国家引入了很多东西，其中便包括石榴、黄瓜、西瓜、菠菜等蔬菜和水果，大大丰富了我国园艺植物的种质资源。此外，在河北望都一号东汉墓室中还发现了绘有盆栽花卉的壁画，这说明在东汉时期，园艺已经具有了观赏的价值。

魏晋南北朝时期，中国杰出的农学家贾思勰在研究古代农业生产知识的基础上，进行了大量的实地考察，经过十余年的系统研究与实践，写成了世界上第一部较为系统的农学巨著——《齐民要术》。《齐民要术》是一部综合性的农学著作，囊括了农、林、牧、渔、副等多个部门的生产技术知识。书中记载了许多关于植物生长发育和有关农业技术的观察资料。譬如，种椒第四十三中讲述了椒的移栽，说椒不耐寒，属于温暖季节作物，冬天时要把它包起来；又如，种梨第三十七中说梨的嫁接"用根蒂小枝，树形可喜，五年方结子；鸠脚老枝，三年即结子，而树丑"。书中还有许多类似记载材料，其中最为可贵的是栽树第三十二中所述果树开花期于园中堆置乱草、生粪，温烟防霜的经验。书中认为下雨晴后，若北风凄冷，则那天晚上一定有霜。根据这一经验，人们可以预防作物被冻坏，从而避免损失。另外，还可采用放火产生烟的方法，从而可以防霜。《齐民要术》的问世，使中国农学第一次形成了较为完整的结构体系，不仅促进中国古代农业的发展，还使中国园艺有了更深的发展。

唐宋时期，由于社会的稳定以及经济的繁荣，观赏园艺迅速发展，出现了菊花、牡丹、芍药等观赏花卉。刘禹锡的《赏牡丹》中"唯有牡丹真国色，花开时节动京城"，元稹的《菊花》中有"不是花中偏爱菊，此花开尽更无花"，苏轼的《牡丹》中有"丹青欲写倾城色，世上今无扬子华"……从这些诗词中，观赏花卉在唐宋时期的地位可见一斑。

明清时期，随着海运的开通，从国外引进了更多的园艺植物，如苹果、樱桃、菠萝、番茄、马铃薯等，又进一步丰富了我国园艺植物的种质资源。清代陈淏子所著的《花镜》中，记载的观赏植物多达三百余种，这是我国较早的一部关于园艺的著作，书中对花卉植物的栽培进行了较为系统的论述。

通过对中国园艺起源与发展的追溯，我们发现园艺诞生之初是为了满足人们生存的需求，以食用功能为主，而观赏园艺并非人类生活所必需，因此其出现相对较晚。但无论哪一种形式，园艺从诞生之初，便与人类文化紧密地结合在一起，并随着人类文化的发展而发展，直至今天，依旧影响着我们的生活。

（二）世界园艺的起源与发展

当我们把视野从中国扩大到全世界，对于园艺的起源与发展将会形成更为全面的认知。根据考古挖掘到的一些材料显示，早在石器时代人类就开始栽培葡萄、棕枣等植物。古埃及文明鼎盛时期，园艺有了很大的发展，所种植的园艺植物种类很多，如葡萄、柠檬、石榴等果树，并且掌握了葡萄酒的酿造技术。此外，古埃及墓道上的"羊踏播种图"表明古埃及人已经有了耕种的意识，并掌握了一些耕种的方式。古希腊历史学家希罗多德（Herodotus）对这种原始的耕种方式也进行了描述：古埃及人为了节省体力，将种子撒在地里之后，将羊赶到田间，由羊将种子踩踏入土。

公元前500年，古罗马时期的一些著作中记载了有关园艺的一些资料，包括果树嫁接、豆类轮作、水果储存以及温室蔬菜栽培技术，可见当时园艺业的发达。此外，由于当时的贵族非常享受园艺带来的快乐，所以除了食用功能的园艺植物，他们还会栽种观赏类的植物，如百合、紫罗兰、金鱼草等。可以说，古罗马时期的园艺非常发达。但自古罗马衰亡之后，中世纪欧洲的手工业开始崛起，园艺一度衰落。

直到文艺复兴时期，园艺才再次兴起。《乡村农场》便是在这一时期问世的一本园艺著作,其中记载了多种果树栽培的方法,并且详细论述了管理技术,包括嫁接、修剪、施肥、移植、昆虫防治和采收等,它为当时园艺的推广提供了技术上的支持。1638年,依据雅克·布瓦索(Jacques Boyceau)的作品出版的《依据自然和艺术的原则造园》一书,共三卷,对造园要素、植物栽培养护以及花园的构图与装饰等问题进行了详尽的论述。

进入19世纪,随着科学技术的发展,园艺发展进入一个新的阶段。在19世纪的中叶,一系列颇具影响力的著作和理论问世,如达尔文的《物种起源》、孟德尔的遗传理论及施莱登的细胞学说等,促进了包括园艺植物在内的植物育种技术的发展。到了19世纪末,化学肥料、化学农药以及拖拉机的出现,极大地促进了近代农业的发展。与此同时,环境污染以及能源浪费等问题开始出现。

如今,在不断追求园艺栽培技术的同时,"绿色""生态""可持续"等词成了人们关注的焦点,人们对园艺植物的思考已经从植物本身,也可以说从人类自身,扩大到整个生态环境的范畴,寻求人与自然的和谐统一。笔者相信,随着科学技术的进一步发展,人与自然的和谐统一将会进一步实现,世界园艺也必然会朝着更加光明的方向前进。

二、园艺植物的起源与发展

(一)园艺植物的起源

关于园艺植物的起源,其说法很多,目前比较有影响力的是苏联植物育种学家和遗传学家瓦维洛夫8个起源中心和3个次级中心的说法。现将这8个起源中心和3个次级中心介绍如下。

1. 中国中心

中国作为农业发源地之一,也是许多温带以及亚热带植物的起源地。起源的蔬菜包括山药、萝卜、牛蒡、莲藕、白菜类、芥蓝、苋菜、韭、莴苣和茼蒿等,起源的果树包括梨、桃、杏、李、山楂、木瓜、枣、银杏、香橙、甜橘、杨梅和荔枝等。此外,中国还是豇豆、甜瓜和南瓜等蔬菜作物,以及甜橙、宽皮橘等果树作物的次生起源中心。

2. 印度—缅甸中心

这一中心包括印度、缅甸和老挝等国家和地区,其中印度占主要地位,是栽培植物的第二大起源中心。该中心起源的蔬菜包括苦瓜、葫芦、蛇瓜、豆薯和木豆等,起源的果树包括甜橙、柠檬、酸柠檬、山榄科植物和小波罗蜜等。此外,该中心还是芥菜、芸薹等蔬菜的次生起源中心。

3. 印度—马来西亚中心

该中心包括印度、马来西亚、苏门答腊及菲律宾等国家和地区,印度虽包含在内,但不占主要地位。该起源中心起源的蔬菜包括姜、田薯、冬瓜、黄秋葵和巨竹笋等,起源的果树包括乌榄、白榄、五月茶、香蕉、榴莲和芒果等。

4. 中亚西亚中心

该中心包括克什米尔、阿富汗、塔吉克斯坦和乌兹别克斯坦等国家和地区。该中心起源的蔬菜包括豌豆、绿豆、芥菜、胡萝卜、四季萝卜、大蒜和菠菜等,起源的果树有杏、洋梨、枣、欧洲葡萄和苹果等。此外,该中心还是甜瓜、独行菜和葫芦等蔬菜的次生起源中心。

5. 近东中心

该中心包括小亚细亚内陆、外高加索、伊朗和土库曼斯坦等国家和地区。该中心起源的蔬菜包括甜瓜、芫荽、韭葱和马齿苋等,起源的果树包括无花果、洋梨、甜樱桃、欧洲榛、欧洲板栗、阿月浑子和君迁子等。

6. 地中海中心

该中心包括欧洲和非洲北部的地中海沿岸地带,起源的蔬菜包括甘蓝、芜菁、芝麻菜、甜菜、朝鲜蓟、韭葱、细香葱、芹菜、菊苣和食用大黄等,起源的果树有油橄榄、圭洛豆。

7. 中美中心

该中心包括墨西哥南部和安的列斯群岛等,起源的蔬菜包括刀豆、南瓜、佛手瓜、辣椒和番木瓜等,起源的果树包括牛心果、人心果、人面果、油梨、番石榴和山楂等。

8. 南美中心

该中心包括秘鲁、厄瓜多尔和玻利维亚等国家和地区,起源的蔬菜包括番茄、笋瓜和多毛辣椒等，起源的果树包括山番木瓜、蛋果和含羞草科植物。

（二）园艺植物的发展

在原始社会时期，人类对园艺植物还没有产生认识，只是从山野中采集果实为食，当吃完果实后，便将果实中的种子随手丢掉，后来这些种子长出新的植物。或许是某个人发现了这种现象，人工种植植物便这样开始了。在种植的过程中，人类逐步实现了对植物的驯化，使植物朝着人类期望的方向发展。蔬菜属于一二年生植物，且更容易移植，所以在诸多种类的园艺植物中，蔬菜是最早被驯化的一类。而野生的木本植物由于难以移植，所以对木本植物的驯化时间要晚很多。

当植物从自然环境进入人类园圃之后，人类逐渐定居下来，而食物的充足极大促进了人类文明的发展。人类文明发展到一定阶段之后，不同地区的人类之间开始产生了交集，于是园艺植物随着人类的交流向外传出。但不同地区有着不同的气候条件，园艺植物传入一个地区之后，为了适应当地的气候条件，发生了众多方面的变异，包括形态上以及生态上的变异。例如，起源于非洲的西瓜，原来是典型的大陆气候生态型植物，引入我国西北部和中部大陆性气候地区后，仍保持原来的生态习性，要求昼夜温差大、空气干燥及阳光充足，而且生长期长，果型大；引入东南沿海地区的产生了适应昼夜温差小、温润多雨和阴天多的气候，而且生长期短、果型小的生态型。这种对园艺植物的引入以及园艺植物自身产生的变异，进一步丰富了各地园艺植物的种类。

此外，在人类文明发展的过程中，人类产生了对美的需求，观赏类园艺植物应运而生。审美属于意识层面，有美的东西自然会刺激"审美"意识的产生，而"审美"意识产生之后，又会进一步促进人类去寻求美的东西。当然，这种追求是建立在一定的物质文化基础之上的。所以，观赏类植物的出现要远远晚于蔬菜类和果树类园艺植物。植物作为大自然的作品之一，具有独特的美，这种美逐渐被人类发现，并不断被人类挖掘，从而逐渐成为园林内、屋内极具观赏价值的内容之一。

后来，工业革命带动了科学技术的发展，而科学技术的发展又推动了园艺植物的进一步发展。如今，各种各样的育种技术，各种各样的栽培设施，使园艺植物的种类进一步丰富，也使园艺植物的功能作用进一步发挥，成为人类生活中的不可缺少的组成部分。

第二节 园艺植物的分类

园艺植物的种类繁多,特征各异,通过对园艺植物分类,可以使人们比较深入地了解植物科、属、种间在形态、生理上的关系,以及在遗传和系统发育上的亲缘关系,对指导园艺植物栽培具有重要的意义。

一、园艺植物分类的常用方法

园艺植物分类的方法很多,在此我们仅从中选取几种常用的方法进行介绍。

(一) 植物学分类

植物学分类的目的在于确立"种"的概念与命名,建立自然分类系统,探索"种"的起源与进化。随着科学的发展,植物学分类方法涉及的内容越来越广泛,包括细胞学、遗传学、形态学、分子生物学、植物地理学等。植物学分类的依据是自然分类系统,即按照界、门、纲、目、科、属、种的梯级结构进行分类。比如,西府海棠,按照植物学的分类方法就可以表达为植物界、种子植物门、被子植物纲、双子叶植物亚纲、蔷薇科、苹果属、西府海棠。植物学分类的方法有助于人们了解园艺植物的亲缘关系,对园艺植物选、育种具有重要的指导意义。

(二) 生物学特征分类

顾名思义,生物学特征分类是指根据植物的生物学特征进行分类。例如,根据食用的器官,可以将果树分为核果类果树、仁果类果树等,蔬菜则可以分为叶菜类、根菜类等;而观赏植物根据观赏的部位可分为观花植物、观果植物与观叶植物。

(三) 按种质来源分类

按照种质资源进行分类,可以分为本地种质资源、外地种质资源、野生种质资源与人工种质资源四类。

本地种质资源是指在本地自然条件下培育的品种。由于是在本地经过长时间的培育选择而来,所以具有较高的适应性,可以直接使用。

外地种质资源是指从其他地区（包括国外地区）引进的品种。外地种质资源的引进可以起到丰富本地园艺植物种质资源的作用，但由于外地种质资源对本地自然条件的适应力相对较差，所以在选择时需要做好评价。

野生种质资源是指在野外自然条件下形成的种质资源。由于长时间在野外自然条件下生存，这类种质资源具有很强的抗性，但食用品质较低，经济性也较差。

人工种质资源是指通过人工手段（如杂交、诱变等方法）获得的种质资源。现有的资源种类虽然较为丰富，但并不能完全满足人类的需求，而且通过自然种质资源筛选的方式也不能得到满意的结果，所以就需要借助一些方法去进行人工创造，从而得到满足人类需求的品质。

二、园艺植物的细化分类

在根据园艺植物特性进行简单分类即果树类、蔬菜类和观赏植物类的基础上，笔者结合前文所述的几种常用分类方法，但不限于上述几种方法，对园艺植物做出更为细化的分类。

（一）果树植物的分类

1. 植物学系统分类

植物学分类就是按照界、门、纲、目、科、属、种进行梯级划分，其中种为基本单位。目前，全世界果树种类，包括栽培种和野生种在内，分属于134科、659属、2 792种，另有变种110个。其中较重要的果树约300种，主要栽培的果树约70种。我国果树（含栽培果树和野生果树）有59科、158属、670余种。其中，主要栽培的果树分属45科、81属、248种，品种不下万余个。①

2. 生态适应性分类

按照生态适应性进行分类，果树可以分为热带果树、亚热带果树、温带果树以及寒带果树4类。

（1）热带果树：指适应热带气候生长的果树，具有耐高温、耐高湿的特点，如香蕉、椰子和菠萝。

---

① 王尚坤，耿满，王坤宇.果树无公害优质丰产栽培新技术[M].北京：科学技术文献出版社，2017：8.

（2）亚热带果树：亚热带果树既有常绿果树，也有落叶果树，对温度及湿度的适应性较强，且具有一定的耐寒性。常绿果树有龙眼、荔枝和杨梅等，落叶果树有猕猴桃、无花果、石榴等。

（3）温带果树：温带果树多为落叶果树，耐涝性较差，休眠期需要一定的低温，如桃、苹果、葡萄和山楂等。

（4）寒带果树：寒带果树一般能够抵抗零下40℃的气温，喜低温，如果松、醋栗和山葡萄等。

3. 生物学特征分类

（1）根据冬季叶落特征分类。根据冬季叶落特征可将果树分为常绿果树与落叶果树。

①落叶果树是指秋末落叶，第二年春天再次发芽的一类果树，如苹果、桃和梨等。

②常绿果树是指树叶寿命较长，三五年不落叶的一类果树，如柠檬、菠萝和香蕉等，主要分布在热带和亚热带。

（2）根据植株形态分类。根据植株形态可将果树分为乔木果树、灌木果树、藤本果树与草本果树。

①乔木果树树体高大，有明显的主干，通常树高在2 m以上，如苹果、椰子、荔和银杏等。

②灌木果树没有明显的主干，树体较低矮，从地面分枝呈现丛生状，如沙棘、树莓和无花果等。

③藤本果树不能直立，依靠攀爬或缠绕在支柱物上生长，如罗汉果、葡萄等。

④草本果树没有木质茎，具有草本植物的形态，如草莓（图1-1）、香蕉、菠萝等。

（3）根据果实结构分类。根据果实的结构可将果树分为核果类、仁果类、浆果类、柑果类、坚果类、聚复果类和荚果类等。

①核果类果树的果实由子房发育而来，是真果。果实有内、中、外三层，外层为果皮，中层为果肉，这两层皆可食用，内层通

图1-1　草莓

常为坚硬的核，如桃、杏、樱桃和枣（图1-2）等。

②仁果类果树的果实是由子房以及花托膨大而成，是假果。花托是其主要食用部分，心皮形成果心，包着多粒种子，如苹果、山楂、梨等。

③浆果类果树的果实浆汁较多，其果实是由子房或联合其他花器发育而成，多为小粒果，内有一粒或多粒种子，如葡萄、蓝莓和树莓等。

图1-2 冬枣

④柑果类果树的果实是由若干枚子房联合发育而成的。其特点是外果皮革质，其上有油囊；中果皮疏松，其中的维管系统即为橘络；内果皮膜质，分若干室，室内生出无数肉质多汁的汁囊，食用部分为若干枚内果皮发育而成的囊瓣。如橘子、橙子、柚子和柠檬等。

⑤坚果类果树的果实就是我们俗称的"干果"，其果实外层有坚硬的外壳，主要食用部分为种子，含淀粉或脂肪较多，水分较少，如核桃、腰果、板栗和榛子（图1-3）等。

⑥聚复果类果树的果实由多心皮或多花组成，形成多心皮或多花果，如草莓、波罗蜜和无花果等。

⑦荚果类果树的果实为荚果，食用部分为肉质的中果皮，如酸豆、苹婆和角豆树等。

（二）蔬菜植物的分类

1. 植物学系统分类

图1-3 榛子树

目前，我国栽培食用的蔬菜涉及藻类植物、菌类生物、蕨类植物和高等植物（被子植物）等6个门。其中，属于藻类植物的有9个种；属于菌类生物的有近350个种，其大部分为野生种，人工栽培的仅有20种左右；属于蕨类植物的有10个种左右，均为野生；大量的是被子植物门的高等植物，其涉及35个科、180多个种[①]。采用植物学分类方法可以明确科、属、

---

① 田时炳，郭军，王永清. 蔬菜栽培技术[M]. 北京：中国三峡出版社，2018：1.

种间在形态、生理上的关系，以及遗传学、系统进化上的亲缘关系，对蔬菜的轮作倒茬、病虫害防治、种子繁育和栽培管理都有较好的指导作用。

2. 按产品器官分类

蔬菜植物的产品器官有根、茎、叶、花和果5类，所以根据蔬菜植物的产品器官也可以将蔬菜分为5类。

（1）根菜类蔬菜。根菜类蔬菜的食用部分为肉质根或块根，因此可以进一步分为肉质根菜类与块根菜类。肉质根菜类蔬菜以肥大的肉质根为产品，如胡萝卜、萝卜等；块根菜类蔬菜以肥大侧根或不定根为产品，如豆薯、葛等。

（2）茎菜类蔬菜。茎菜类蔬菜的食用部分为茎部，而根据食用的茎部又可以细分为地上茎类与地下茎类。地上茎类有肉质茎类（如莴苣、茭白）、嫩茎类（如竹笋、石刁柏）与鳞茎类（如大蒜、洋葱），地下茎类有根状块茎类（如莲藕、姜）、球茎类（如慈姑、芋）和地下块茎类（如菊芋、马铃薯）。

（3）叶菜类蔬菜。叶菜类蔬菜以普通叶片、叶丛、叶球和变态叶为产品器官。普通叶菜类以鲜嫩的叶或者叶丛为主要食用部分，如油麦菜（图1-4）、小白菜和芹菜等；结球叶菜类以肥大的叶球为主要食用部分，如大白菜、甘蓝和包心芥菜等；香辛叶菜类是指有香辛味的叶菜，如韭菜、茴香和葱等。

图1-4　油麦菜

（4）花菜类蔬菜。花菜类蔬菜以花、花茎或花球为产品器官，可分为花器类（如黄花菜、朝鲜蓟）、花枝类（如青花菜、花椰菜）。

（5）果菜类蔬菜。果菜类蔬菜是以种子或者果实为产品器官的蔬菜，可细分为浆果类[如茄子、番茄和彩椒（图1-5）]、瓠果类（如黄瓜、冬瓜和南瓜）与荚果类（如豌豆、蚕豆和刀豆）。

3. 农业生物学分类

农业生物学分类是一种综合分类法，将蔬菜

图1-5　彩椒（1）

分为以下13类，即根菜类、白菜类、甘蓝类、芥菜类、绿叶菜类、葱蒜类、茄果类、瓜类、豆类、薯芋类、水生蔬菜类、多年生蔬菜类和食用菌类。

（1）根菜类蔬菜。根菜类蔬菜以膨大的肉质直根为食用部分，如胡萝卜、萝卜和大头菜等。这类蔬菜的生长需要温和的气候条件，属于半耐寒性蔬菜。

（2）白菜类蔬菜。白菜类蔬菜以叶丛、叶球和花球为食用部分，如大白菜、小白菜等。这类蔬菜的生长需要凉爽和湿润的气候条件以及充足的水肥条件，气候干燥或温度过高都容易导致生长不良。

（3）甘蓝类蔬菜。甘蓝类蔬菜以叶丛、叶球、侧芽形成的小叶球、花球或花茎为食用部分，如花椰菜、球茎甘蓝和青花菜等。这类蔬菜的生长需要湿润、温和的气候条件，适应性较强。

（4）芥菜类蔬菜。芥菜类蔬菜以叶和茎及其变态器官或嫩茎叶为食用部分，包括叶芥菜、茎芥菜、根芥菜和子芥菜等。这类蔬菜由于含有含硫的葡萄糖苷，在水解后会产生芥子油，所以具有特殊的辛辣味。这类蔬菜的生长需要湿润、冷凉的气候条件。

（5）绿叶菜类蔬菜。绿叶菜类蔬菜以叶或嫩茎为食用部分，如莴笋、芹菜和菠菜等。这类蔬菜生长迅速，有些耐炎热，如落葵、蕹菜；有些喜冷凉，如芹菜、莴笋。由于这类蔬菜植株矮小，所以经常作为高秆蔬菜的间作作物或套作作物。

（6）葱蒜类蔬菜。葱蒜类蔬菜以扁平斜条形或圆筒形叶、叶鞘及鳞茎供鲜食、加工或作为调料，我们熟知的大蒜、大葱、洋葱和韭菜都属于这类蔬菜。由于它们的叶鞘基部能形成鳞茎，因此也被叫作鳞茎类蔬菜。这类蔬菜耐寒性强，但不耐热，适于春秋季生长。

（7）茄果类蔬菜。茄果类蔬菜是指茄科类的蔬菜，包括番茄、茄子和彩椒（图1-6）。这三类蔬菜无论是在栽培技术上还是在生物学特征上，有着很多相近之处：不耐寒、要求肥沃的土壤及对日照时间没有严格的要求。

（8）瓜类蔬菜。瓜类蔬菜以其结出的瓜果为食用部分，如南瓜、冬瓜、丝瓜和黄瓜

图1-6　彩椒（2）

等。瓜类蔬菜多为蔓生，需要整枝和支架。

（9）豆类蔬菜。豆类蔬菜以嫩荚或种子为食用部分，如刀豆、豌豆和毛豆等。除豌豆与蚕豆喜冷凉气候，其他豆类蔬菜均要求较为温暖的气候条件。豆类蔬菜的根有根瘤菌，所以可以固定空气中的氮素，这是豆类蔬菜的一个特殊之处。

（10）薯芋类蔬菜。薯芋类蔬菜以肥大多肉的块根、块茎为食用部分，如马铃薯、山药和生姜等。这类蔬菜的食用部分位于地下，淀粉含量较高，可用作蔬菜、杂粮与饲料。除马铃薯不耐高温，生长周期短之外，其他薯芋类蔬菜均耐热，且生长周期较长。

（11）水生蔬菜。水生蔬菜是指生长在水里的一类蔬菜，分为浅水与深水两类，浅水类有水芹、慈姑和茭白等，深水类有莲藕、菱和莼菜等。这类蔬菜多利用低洼水田和浅水湖荡、河湾和池塘等淡水水面栽培，其主要产地在水、热和光等资源比较丰富的黄河以南地区广泛分布。

（12）多年生蔬菜。多年生蔬菜是指一次播种或栽植以后，连续生长和采收在两年以上的蔬菜。这类蔬菜的食用器官、栽培技术和生物学特性都有很大的差异。

（13）食用菌类。食用菌是指子实体硕大、可供食用的蕈菌（大型真菌），通称为蘑菇，如香菇、木耳和银耳等。食用菌有野生、半野生以及人工栽植之分。

（三）观赏植物的分类

1. 根据观赏部位分类

依据观赏部位，观赏植物可分为观花类、观果类、观叶类、观茎类、赏根类和赏株形类。其中，观花类、观果类与观叶类是较为常见的几类。

（1）观花类。

观花类植物是指花期较长、花色鲜艳的植物，一些花形特殊、香味独特的植物也包含在内。不同的植物有不同的花期，因此让我们可以在不同的时节欣赏到不同的花朵。比如，春季开花的有牡丹（图1-7）、迎春和桃花；夏季开花的有荷花、茉莉花和紫薇花；秋季开花的有桂花、菊花和蝴蝶兰；冬季开花的有梅花（图1-8）、山茶花和君子兰。正所谓"春有桃花夏有荷，秋赏菊来冬品梅"，便是在形容不同时节可以欣赏到不同种类的花。

图 1-7 牡丹

图 1-8 美人梅

（2）观果类。植物的果实不仅可以用来繁衍与食用，还可以用来观赏，这类植物便是观果类植物，如黄金果、南天竹和金柑等。观果植物具有下述特点中的一个或多个：第一，果实数量较多，且果实明显；第二，果形优美，果序明显；第三，果实形体较大；第四，果实色泽鲜艳。多数的观果植物喜光，适合在阳光充足的地方栽培，对栽培技术的要求也较高。在结果期要注意及时补充钾肥，当结果过多时，可以适当剪掉一部分，一是为了防止营养不足,二是为了美观。

（3）观叶类。观叶类植物是指以叶片为主要观赏部位的植物,包括观赏叶片的形状、质地与色泽等。因为观叶类植物具有较长的观赏期,并且很多都具有耐阴性,所以可以在室内陈设较长时间。根据性状的不同,可以分为木本观叶植物、藤本观叶植物和草本观叶植物。木本观叶植物有苏铁、五角枫（图1-9）等,藤本观叶植物有常春藤、绿萝等,草本观叶植物有文竹、秋海棠等。

图1-9 五角枫

此外,根据观叶类植物叶色的深浅以及随季节变化等特点还可以将其分为绿色类、春色叶类、新色叶类、秋色叶类、常色叶类、双色叶类以及斑色叶类。

①绿色类:多数观赏植物的叶子表现为基本的颜色,即绿色,而根据绿色的深浅又有深绿色与浅绿色之分,深绿色如桂花、榕树和侧柏,浅绿色如玉兰、落叶松和水杉等。

②春色叶类与新色叶类:有些植物春季发出的嫩叶的颜色与常色不同,这类植物被称为春色叶植物;有些植物虽然不是春季发出嫩叶,但其新叶的颜色也与常色不同,这类植物被称为新色叶植物。

③秋色叶类：有些植物到秋季时，其叶子的颜色会发生明显的变化，这类植物统称为秋色叶植物。比如，秋叶呈红色的有南天竹、三角枫和黄连木等，秋叶呈黄色的有银杏、悬铃木、白桦等。

④常色叶类：有些植物的叶色不受季节的影响，而且常见呈现异色，这类植物被称为常色叶植物。比如，全年呈现紫红色的紫叶李、紫叶桃，常年呈现金黄色的金叶女贞、金叶圆柏等。

⑤双色叶类：有些植物叶子的叶表与叶背呈现出不同的颜色，这类植物被称为双色叶植物，如新疆杨、紫背竹芋和银白杨等。

⑥斑色叶类：有些植物叶子上有其他颜色的斑点或花纹，这类植物被称为斑色叶植物，如变叶木、银边黄杨和桃叶珊瑚等。

（4）其他类。观茎类、赏根类、赏株形类这几类不常见，在此我们统称为其他类。有些植物的茎或分枝常常发生变态，呈现出较为奇特的形态，具有独特的观赏价值，这类植物被称为观茎类植物，如文竹、仙人掌等。有些植物的根也具有一定的观赏价值，如朴树、山茶和榕树等，这些特殊的根可用于盆景与桩景。赏株形类的植物由于其整体株形上颇具特色，也具有一定的观赏价值，如圆柱形的杜松、尖塔形的雪松和伞形的龙爪槐等。

2. 依据生长习性分类

（1）草本观赏植物。草本观赏植物是指茎内的木质部不发达，含木质化细胞少，支持力弱的植物。草本观赏植物体形一般都很矮小，寿命较短，茎干软弱，多数在生长季节终了时地上部分或整株植物体死亡。根据其生长习性，草本观赏植物可分为一年生、二年生和多年生。

①一年生：是指从种子发芽、生长、开花、结实至枯萎死亡，其寿命只有1年的草本植物，也就是说在一个生长季节内就可完成生活周期的，即当年开花、结实后枯死的植物，如凤仙花、千日红和孔雀草等。

②二年生：是指第一年生长季（秋季）仅长营养器官，到第二年生长季（春季）开花、结实后枯死的植物，如石竹、三色堇和桂竹香等。

③多年生：是指生活期比较长，一般为2年以上的草本植物，如水仙、仙客来、芍药和八仙花（图1-10）等。多年生草本植物的根一般比较粗壮，有的还长着块根、块茎、球茎和鳞茎等器官。冬天，地面上的部分仍安静地睡觉，到第2年气候转暖，它们又发芽生长。这样一年一年地生长，地下的根或茎会渐渐地肥大起来，也许还会分枝。

图 1-10 八仙花

（2）木本观赏植物。

木本观赏植物是指根和茎因增粗生长形成大量的木质部，而细胞壁也多数木质化的坚固的植物。木本观赏植物因植株高度及分枝部位等不同可分乔木类、灌木类和藤本类。乔木类有杨树、槐树和雪松等，灌木类有牡丹、桂花等，藤本类有爬山虎、紫藤（图 1-11）等。

图 1-11 紫藤

木本观赏植物根据其生长习性又可分为常绿与落叶两类。落叶植物在深秋之时树叶变黄并逐渐脱落，第 2 年春天再次长出绿叶；常绿植物则一年四季生长着绿色的叶子，但也会落叶，只是相较于落叶植物其叶子的寿命较长，所以给人的感觉是"常绿"的。常绿植物又可以细分为阔叶常绿植物与针叶常绿植物。常绿阔叶植物多半分布在热带和亚热带地区，一般不耐寒，如香樟、珊瑚树和柑橘等；常绿针叶植物广泛分布于温带和寒带地区，具备耐寒的特性，多半是裸子植物，如松树、柏树等。

第三节　园艺植物的生物学特征

园艺植物通常由根、茎、叶、花、果实和种子六大器官组成，所以通常所说的园艺植物的生物学特征便是指这些组成部分的生物学特征，也包括各器官生长发育特点与规律。因此，在本节中，笔者将围绕园艺植物的根、茎、叶、花、果实和种子六大器官，就其生物学特征展开论述。

一、根的基本形态与生长发育特点

根是营养器官，是园艺植物生长发育的基础，常位于地表下面。正所谓"根深方能叶茂"，可见根的重要性。

（一）根的类型

1. 定根与不定根

由于根发生的部位有固定与不固定之分，所以可将根分为定根与不定根。在种子萌发后，由胚胎发育而成的根成为主根，当主根生长到一定长度时，会在一定部位上长出支根，而支根也会继续产生分枝，这些支根便是侧根。由于主根与侧根长出的部位是固定的，这些根被称为定根。而有些园艺植物其茎、叶或胚轴带上也会长出根，并且由于这些根长出的部位不固定，所以称为不定根。不定根不仅有助于阐明调节植物生长发育的机制，还会促进许多优良品种的营养繁殖，所以在园艺植物栽培中具有很大的价值。

2. 直根系与须根系

根据主根与侧根的发达程度以及根系的组成，又可以将根分为直根系与须根系。直根系的主根非常发达，且竖直向下生长，入土较深，有些木本园艺植物的根系甚至超过 10 m。须根系是由于主根生出后不久死亡或者停止生长，在胚轴和茎基部的节上生出许多粗细相等的不定根，再在不定根上生成侧根，整个根系外形呈须状，所以称作须根系。

（二）根的功能作用

1. 固定作用

植物将根深深扎入土壤之中，通过反复地分枝形成强大的根系，从而起到固定与支持植株的作用。

2. 吸收功能

根能够吸收土壤中的水分以及溶解在水中的无机盐，为植株的生长提供必要的物质。

3. 运输功能

根一方面将从土壤中吸收的水分与无机盐向上部输送，另一方面接收来自上部的有机物。

4. 储藏功能

园艺植物的根由于其薄壁组织发达，具有储藏的功能，尤其一些变态根中的肥大直根和块根能够储藏大量的营养物质。多年生植物在冬季来临之前，也会将部分营养物质储存在根中，为第二年春季发芽、发枝所用。

5. 合成作用

根可合成某些重要的有机物，如氨基酸、生物碱、有机氮和激素等都是在根中合成的，其中的氨基酸输送到生长部位可进一步合成蛋白质。

6. 繁殖作用

有些园艺植物可以用根来繁殖，如芍药、牡丹和山楂等可以利用根段进行扦插繁殖。

（三）根的变态

有些园艺植物的根，在结构、形态以及功能上都发生了较大的变化，这种变化称为变态。根的变态是长期适应环境的结果，具有遗传性。常见的变态根有下列几种。

1. 贮藏根

贮藏根是园艺植物最常见的一种变态根，是由于根的一部分或者根的全部贮藏营养物质而变得肥大。贮藏根具有吸收水、矿物质以及贮藏营养物质的作用。根据根变态的形态不同，可将贮藏根分为块根与肉质直根。块根通常由不定根或侧根变态形成，形状不规则，多呈块状，一个植株往往能够形成多个块根，如三七、甘薯和麦冬等。肉质直根一般由主根变态形成，其特点是根内薄壁组织发达，细胞内储存有大量的营养物质，如萝卜、甜菜和胡萝卜等都有一个肥大的肉质直根。

2. 气生根

气生根是指生长在地面以上、暴露在空气中的根，一般是在植物茎上发生的。根据气生根结构与功能上的不同，又可以分为以下几种。①板根：板根是由于主根发育不良，侧根外向异常次生生长所形成的，具有吸收水分、养分的作用，也具有支持作用。这种根是热带木本植物所特有的，常见于红树科、漆树科等热带树种中。②支持根：支持根从植物的主干长出，向下生长深入土壤之中，它还会长出更多的分枝，形成向四周延伸的根盘，具有强大的支持作用。③攀缘根：攀缘根属于不定根，通常从植物的茎上长出，用以攀附在其他物体上，从而使柔弱、细长的茎能够攀缘生长。这类根常见于藤本植物，如凌霄、常春藤等。④附生根：附生根附贴在木本植物的树皮上，并从树皮缝隙内吸收蓄存的水分，这种根的外表形成根被，由多层厚壁死细胞组成，可以贮存雨水、露水供内部组织用，而干旱时根被失水而为空气所充满。附生根内部的细胞往往含有叶绿素，有一定的光合作用能力。⑤呼吸根：有些生长在海岸低处的植物，当涨潮时，根会被淹没在水里，导致无法呼吸，为了适应这种条件，根系会长出很多向上的支根，这些支根伸出泥土表面，以帮助植物进行气体交换，这种根被称为呼吸根。

3. 寄生根

寄生根是寄生植物长出的根，是植物的变态根之一，也被称为吸器。寄生植物通过将寄生根伸入寄主的维管组织，吸取寄主的水分与养料，从而获得供自身生长的营养物质。寄生根的构造非常简单，除了少量的输导组织，没有其他的复杂结构。

(四)根的生长发育特点

1. 根的生长特点

在种子萌芽时,由胚根形成的主根向下生长,这种根被称作垂直根;在垂直根向下生长的同时,会长出很多侧根,由于侧根生长的方向接近水平方向,所以也被称为水平根。垂直根深入土壤较深,能够从土壤中吸收水分与养分,并起到固定植物的作用;水平根入土较浅,不耐旱,但对追加的肥料反应迅速。根在生长的初期以伸长为主,到中后期才逐渐加粗生长。

2. 根生长的条件

根的生长受周围环境的影响,其中温度与水分是最主要的两个环境因子。一般而言,根最适宜生长的土壤温度为 20~25℃,低于 8℃或高于 36℃时,根的生长会受到抑制,甚至停止生长。根最适宜的土壤水分含量是土壤最大持水量的 60%~70%,过高或过低都不利于根的生长。光照对根的生长没有直接影响,但适当的光照能够促进叶的光合作用,进而为根的生长提供更多的碳水化合物。对于土壤的深度,不同的植物要求也不同,要依据植物种类的不同而定。

3. 根的生长周期

对植物的根来说,如果条件满足,便可以不停地生长。但在自然条件下,受外界环境的影响,多年生植物根的生长具有明显的周期性。以北方的苹果为例,其根系在一年中有 3 次明显的生长高峰期:第一次在三月上旬到四月中旬之间,第二次在六月底到七月初之间,第三次则出现在九月上旬到十一月下旬之间。

4. 根的再生能力

根的再生能力是指植物根断后再长出新根的能力。园艺植物的种类不同,其根的再生能力也存在差异,并且周围环境也会对根的再生能力产生影响。春季和秋季这两个季节,根的再生能力相对较强,是园艺植物定植的最佳季节。此外,适宜的水分含量与土壤温度也有助于根的再生。

二、茎的基本形态与生长发育特点

茎由胚芽发育而成,其下部与根相连,上部则长有叶、花与果实。在不同的园艺植物上,茎的叫法也有所区别,如多年生树木的茎通常被称为枝条,藤本植物的茎则被称为藤或蔓。

(一)茎的基本类型

依据园艺植物的生长习性,其茎可分为直立茎、缠绕茎、攀缘茎和匍匐茎几种类型。

1. 直立茎

直立茎是指园艺植物的茎干垂直地面向上生长。多数园艺植物的茎是直立茎,在具有直立茎的园艺植物中,可以是草质茎(如向日葵),也可以是木质茎(如榆树)。

2. 缠绕茎

有些园艺植物的茎细长而柔软,不能直立生长,需要依附在其他物体上生长,但这种依附并不是通过攀缘的方式,而是依靠缠绕的方式。不同的植物,其茎缠绕的方向也不同,但同一种植物其缠绕的方向却是固定的。例如,牵牛、茑萝是向左旋转的,金银花则是向右旋转的。

3. 攀缘茎

与缠绕茎类似,这类茎也是细长而柔软,不能直立生长,需要依附在其他物体上,不同的是,它们依靠的是特有的攀爬结构。根据攀爬结构的不同,可以将其分为以下几种情况:以气生根攀缘的,如常春藤;以卷须攀缘的,如葡萄、丝瓜;以钩刺攀缘的,如猪殃殃;以叶柄的卷曲攀缘的,如威灵仙;以吸盘攀缘的,如爬山虎。当然,有少数的园艺植物,其茎既具有攀爬结构,又可以缠绕,如葎草。

4. 匍匐茎

有些园艺植物的茎细长且柔软,平卧于地面,其节间较长,节上能长出不定根,这种茎被称为匍匐茎。由于茎的每个节上可长出不定根,与植株分离后能够长出新的个体,所以可进行人工营养繁殖。

（二）茎的功能作用

1. 运输作用

茎承担着运输水分、无机盐、有机化合物以及一些激素物质的作用。茎中的木质部导管负责向上运输水分、无机盐以及根部提供的有机物，韧皮部的筛管则负责向下运输各种有机化合物。

2. 支撑作用

茎支撑着植物的地上部分。通过茎的支撑，使植物的叶有规律地分布，以利于接受阳光照射，进行光合作用；而植物的花与果，在茎的支撑下，能够更好地传粉和散播种子。

3. 繁殖作用

有些园艺植物的茎上会长出不定根或不定芽，借助这些不定根与不定芽能够进行扦插繁殖、压条繁殖以及嫁接繁殖。

4. 贮藏功能

茎也具有贮藏功能，尤其是多年生的植物，其茎内贮藏的物质可以为第二年春季的发芽、开花提供必要的营养物质。

（三）茎的变态

茎的变态是指由于茎功能的改变引起其结构与形态的变化。植物在生长发育的过程中，由于环境的变化，会导致植物器官为了适应环境而发生某种变化，进而导致茎结构与形态的改变。同根的变态一样，茎的变态也具有稳定的遗传性。根据茎变态的部位不同，可以将其分为地上变态茎与地下变态茎。

1. 地上变态茎

地上变态茎的类型有以下几种。

（1）肉质茎：由地上主茎或茎端膨大而成。肉质茎薄壁组织非常发达，能够贮存水分，并进行光合作用。由于叶片退化，降低了蒸腾作用，所以能在干旱地区生长。

（2）茎卷须：由茎变态而成的具有攀缘功能的卷须，常见于攀缘植物，如黄瓜、葡萄等。从生产的角度来看，茎卷须没有任何意义，所以为了节约养分，通常会将其去掉。

（3）茎刺：由茎变态而形成的具有保护作用的刺，又被称为枝刺。例如，石榴、山楂茎上便分布着茎刺。

（4）叶状枝：有些园艺植物的枝条在生长发育的过程中会发生扁化、变绿的现象，其形呈叶状，且能够进行光合作用，这类茎被称为叶状枝。

2. 地下变态茎

地下变态茎的类型有以下几种。

（1）根状茎：由多年生植物的茎变态而成的卧于地下的茎。顾名思义，其外形与根相似，但具有明显的节与节间，且节上有退化的鳞叶，这是区别于根的重要特征。

（2）块茎：由茎的侧枝变态而成的短粗的肉质地下茎。这类茎通常呈不规则的块状，贮藏组织非常发达，能够贮藏丰富的营养物质。另外，块茎表面有许多的芽眼，每个芽眼内有2～3个腋芽，其中的一个腋芽容易萌发，长出新枝，所以块茎也可用于繁殖。

（3）球茎：由植物地下茎的顶端或茎基部膨大形成的球状、扁球形或长圆形的变态茎。球茎的顶端长有顶芽，节与节间明显，且节上长有腋芽，并可长出不定根。

（4）鳞茎：扁平或圆盘状的地下变态茎。鳞茎包括较大且通常为球形的地下芽和伸出地面的短茎，膜质或肉质的叶互相重叠，从短茎上生出。鳞茎具有类似种子的作用，但相较于从种子发育，植物从鳞茎发育生长更快。

（四）茎的生长特征

1. 茎的顶端优势

植物主茎的顶端生长很快，侧芽生长受到抑制的现象被称为顶端优势。顶端优势的现象普遍存在于植物界，但不同植物之间也存在着很大的差异。例如，向日葵的顶端优势非常明显，在植株生长的整个过程中，侧芽一直处于潜伏状态；小麦、水稻的顶端优势较强，会长出许多分蘖；灌木的顶端优势非常弱，没有主茎与分枝的区别。在园艺植物的栽培上，可以通过某些方法维持或消除植物的顶端优势。例如，"摘心""打顶"等方式可以去除顶端优势，促进侧芽的萌发。

2.茎的分枝

在植株主茎生长的过程中，侧芽也会萌发出新的枝条，这就是茎的分枝。不同的植物之间，分枝的方式也会有所不同。在园艺植物中，常见的分枝方式有以下三种。

（1）单轴分枝。在植株生长的整个过程中，主茎的定芽一直占有优势，而侧枝并不发达，进而形成一个非常明显的直立主轴，这种分枝方式被称为单轴分枝。

（2）合轴分枝。合轴分枝的特点是主茎的顶芽长到一定高度时停止生长，然后下部的侧芽代替主芽继续生长，一段时间后，新枝的顶芽也停止生长，继而又由其下部的侧芽代替新枝继续生长，如此反复。

（3）假二叉分枝。假二叉分枝的特点是主茎的顶芽生长到一定高度后停止生长，然后其下部的两个对生侧芽同时代替主芽继续生长，形成二叉状的分枝。两个新枝的顶芽与主茎的顶芽相同，在生长到一定高度后停止生长，然后每个新枝顶芽下部的两个侧芽继续生长，如此不断重复。

3.茎的成熟与衰老

对一二年生的园艺植物来说，在秋末或果实成熟之后，其茎便会衰老、枯萎，而随着茎的衰落与枯萎，茎的功能也会随之丧失。对多年生的木本园艺植物来说，枝的木质化标志着枝趋于成熟，成熟的枝条皮层较厚，抗寒性强，能够跨越寒冷的冬季。在园艺植物的栽培上，秋季时通常会采取控水、增施磷肥与钾肥的方式促进枝条的成熟，以帮助植物安全越冬。

三、叶的基本形态及其生长发育

（一）叶的形态

1.叶的组成

叶通常由叶片、叶柄和托叶组成。具备这三部分的叶被称为完全叶，如梨树、桃树的叶；缺少其中一部分或两部分的叶被称为不完全叶，如向日葵缺少托叶，莴苣缺少叶柄与托叶。

2.叶的类型

依据叶柄上叶片的数量，可以将叶分为单叶与复叶两种类型。单叶，即叶柄上只有一个叶片；复叶，即叶柄上有两个或两个以上的叶片。

3. 叶的大小

不同的园艺植物，其叶片的大小差异很大。有些园艺植物的叶片很大，如玉莲叶的直径长 2～3 m；有些园艺植物的叶片很小，如文竹、松柏和茴香等，其叶片只有几厘米、几毫米长。

4. 叶的色泽

园艺植物的叶色非常丰富，虽然多数园艺植物的叶片呈绿色，但是不少植物的叶片呈现红色、黄色、蓝色、紫色及混合色，这些叶片呈现其他颜色的植物统称为彩叶植物。

5. 叶序

叶序是指叶片在茎上的排列方式，通常有轮生叶序、互生叶序、对生叶序和莲座叶序四种类型。

（二）叶的功能作用

1. 光合作用

光合作用是指绿色植物在光照下，利用水和二氧化碳合成有机物，并释放氧气的过程。叶是绿色植物进行光合作用的主要器官。不同园艺植物其叶片光合的能力也不同，并且其光合能力受光照强度、光照时间以及二氧化碳浓度的影响。

2. 吸收功能

叶片除吸收空气中的二氧化碳外，还可以通过叶片表面吸收喷施在上面的肥料与农药。

3. 蒸腾作用

蒸腾作用是指植物体内的水分从植株表面（通常指叶子）散失到空气中的过程。通过蒸腾作用产生的水势差能够促进根对水分及矿质元素的吸收。

4. 贮藏作用

普通叶片贮藏的营养物质有限，但有些具有特殊贮藏功能的叶片，如肉质叶，便可以贮藏大量的水分与养分，从而使植物具备较强的抗旱能力。

（三）叶的变态

叶的变态是指由于叶的功能改变而引起叶的形态和结构的变化。例如，仙人掌为适应干旱的环境，其叶片变态为针刺状，以此来减少水分的丧失；银叶花属的植物为躲避动物的掠食，其叶变态为石头的形态。叶的变态具有稳定的遗传性。在植物的各种器官中，叶的可塑性最大，发生的变态最多，主要类型有苞片和总苞。生于花下的变态叶，称苞片。其一般较小，仍呈绿色，但亦有大型的并呈各种颜色的变异，如叶子花。位于花序基部的苞片，总称为总苞，如菊科植物。苞片的形状、大小和色泽因植物种类不同而异，是鉴别植物种属的依据之一。

（四）叶的生长发育与脱落

1. 叶的生长发育

在茎尖生长锥周围的一定部位上，由表层细胞（原套）和表层下的一层或几层细胞（原体细胞）分裂形成许多侧生的小突起，称为叶原基，这种发生方式称外起源。叶原基形成后先进行顶端生长，使叶原基迅速伸长；然后通过边缘生长得到叶的雏形，具托叶的种类托叶分化最早，叶片的分化次之，叶柄的分化最晚；当叶片各部分形成之后细胞仍继续分裂和长大，直到叶片成熟。叶的生长期一般是有限的，在达到预定的大小后便会停止生长，但有些植物在叶的基部保留有居间分生组织，可以较长期地进行居间生长，如韭菜，在叶片被割后还可以继续生长。

2. 叶的脱落

植物的叶子也具有一定的寿命，当寿命终结时，叶片便会枯死脱落。不同的园艺植物，其叶片的寿命也不同。一二年生植物的叶片寿命较短；多年生落叶植物的叶片寿命大约有半年时间（从春季萌芽到秋末脱落）；常绿植物的叶片寿命相对较长，但并不是不脱落，只是落叶不同时发生。

从某种意义上来说，叶的脱落是植物长期进化的结果，是对不良环境

（如干旱、低温）的一种适应性。在植物叶片脱落之后，植物的蒸腾作用减少，光合作用基本停止，植物进入休眠状态，以便安全度过寒冷的冬天。此外，叶的脱落还起到排泄的作用。有些植物在叶片脱落之前，会将体内有害的金属元素转移到即将脱落的叶子中，以此来排出植物体内的有害金属元素。实验表明，落叶中铁、锌和铝等金属元素的含量均高于植物上未脱落的叶子[1]。

四、花与花芽的分化

（一）花的形态构造

花是植物的繁殖器官，一般由花梗、花托、花萼、花冠、雌蕊和雄蕊组成。

1. 花梗

花梗也被称为花柄，是连接花与茎的通道，也是茎向花输送水分与养分的通道。不同的园艺植物，其花梗的长度不同，也有一些园艺植物没有花柄。

2. 花托

花托位于花梗的顶端，起支撑作用。花萼、花冠、雌蕊和雄蕊按照一定的次序着生在花托上。不同的园艺植物，花托的形状也有所区别，有的呈圆柱状，有的呈圆顶状，有的呈倒圆锥状，还有的呈覆碗状。

3. 花萼

花萼位于花的最外层，起到保护花蕾的作用。花萼通常为绿色，由若干片萼片组成。多数植物在开花后其萼片会脱落，但也有少数植物的萼片会一直寄存。

4. 花冠

花冠位于花萼的上方或内方，是一朵花所有花瓣的总称。因其外形像王冠，所以被称为花冠。

---

[1] 张宪省，贺学礼．植物学[M]．北京：中国农业出版社，2003：178．

5. 雌蕊

雌蕊位于花的中央部分,由柱头、花柱和子房三部分组成,是种子植物的雌性繁殖器官。

6. 雄蕊

雄蕊是被子植物的雄性繁殖器官,由花药和花丝组成,其作用是产生花粉。一朵花中全部的雄蕊被称为雄蕊群。

(二)花芽分化

1. 花芽分化的概念

花芽分化是指植物茎生长点由分生出叶片、腋芽转变为分化出花序或花朵的过程。花芽分化是由营养生长向生殖生长转变的生理和形态标志。这一全过程由花芽分化前的诱导阶段及之后的花序与花分化的具体进程所组成。花芽分化一般经历两个阶段:芽内生长点在生理状态上向花芽转化的过程,称为生理分化,花芽生理分化完成的状态,称作花发端;此后,便开始花芽发育的形态变化过程,称为形态分化。

2. 花芽分化的影响因素

了解园艺植物花芽分化的影响因素,能够更好地对花芽分化进行调控,从而最大限度地保证花芽形成的质量。就环境因素而言,影响花芽分化的因素有温度、日照和水分三点。

(1)温度。不同园艺植物,其花芽分化的适宜温度不同。例如,果树类中,苹果花芽分化的适宜温度为 10～28℃,葡萄花芽分化的适宜温度为 20～30℃;蔬菜中,黄瓜花芽分化的适宜温度为 15～25℃,番茄花芽分化的适宜温度为 15～20℃。

(2)光照。光照对园艺植物花芽分化的影响主要体现在光照的时长与强度上。不同园艺植物对光照时间的长短要求不同,据此可以将其分为长日照植物、中性植物与短日照植物。长日照植物要求日照时间在 12 h 以上,短日照植物要求日照时间在 12 h 以下,中性植物对日照没有严格要求。而从光照强度上看,主要是通过影响光合作用来影响花芽的分化。光照强度强,光合作用较好,能促进花芽的分化;光照强度弱,光合作用也弱,不利于花芽的分化。

（3）水分。土壤中水分状况良好时，植物营养生长较为旺盛，不利于花芽的分化；土壤中水分状况较差时，植物营养生长较为缓慢，有利于花芽的分化。因此，在园艺植物进入花芽分化期后，要控制好土壤中水分的含量，使土壤保持适度的干旱。

五、种子和果实

（一）种子

1. 种子的基本构造

植物的种子由胚珠发育而来，一般由种皮、胚、胚乳3部分构成。

（1）种皮。种皮是指覆盖在种子周围的皮，起到保护种子的作用。有些园艺植物的种子具有一层种皮，如南瓜、大豆；有些园艺植物的种子具有两层种皮，分为内种皮和外种皮，如荠菜、三色堇。

（2）胚。胚是指初期发育的生物体，是种子的核心组成部分，由胚芽、胚轴、胚根和子叶4部分组成。

（3）胚乳。胚乳一般是指被子植物在双受精过程中精子与极核融合后形成的滋养组织，也称内胚乳。胚乳位于胚与种皮之间，是贮存营养物质的场所，可供种子萌发时使用。

2. 种子的类型

依据种子胚乳的有无，通常将种子分为有胚乳种子和无胚乳种子。有胚乳的种子，胚较小，胚乳发达，大部分的营养物质贮藏其中。有些种子之所以没有胚乳，是因为在种子形成的过程中，胚乳中的营养物质被胚吸收，转移到子叶中贮存，所以在种子成熟时，种子中没有胚乳。

（二）果实

1. 果实的结构

果实由种子与果皮构成，我们一般所说的果实结构是指果皮的结构。果皮由内果皮、中果皮与外果皮构成。内果皮在不同的园艺植物中有不同的形态，有些植物的内果皮肥厚多汁，如葡萄；有些植物的内果皮则由石细胞构成，非常坚硬，如杏树、桃树。中果皮在不同的园艺植物中同样有较大的差异，有些植物的中果皮肥厚多汁，如桃树、杏树；有些植物的中果皮则收缩成膜质，如花生、蚕豆。外果皮由1~2层细胞构成，具有气孔、角质和表皮毛。在果实未成熟时，外果皮的薄壁细胞多含叶绿素，当果实成熟后，转变为有色体，所以不同的果实呈现出不同的颜色。

2.果实的类型

依据果实的结构、来源及果皮性质，通常可将果实分为单果、聚合果、聚花果3类。

（1）单果。单果是指由一朵花中的一个子房或一个心皮所形成的单个果实。而依据果实成熟后果皮的性质不同，又可以将单果分为肉质果与干果。肉质果果皮肥厚，如猕猴桃、番茄；干果果皮干燥无汁，如向日葵、豌豆。

（2）聚合果。通常一个花朵中有多枚离生雌蕊，每一个雌蕊都能够形成一个小果，并聚生在花托上。根据小果的不同，聚合果又可分为聚合蓇葖果、聚合瘦果、聚合坚果、聚合核果。

（3）聚花果。由一整个花序形成的复合果实，称为聚花果，也被称为复果。与聚合果不同，聚花果不是由一朵花形成的，而是由整个花序形成的。

3.果实的生长特点

果实的生长并不是匀速的，而是有一定的快慢节律。如果以坐标来表示果实生长的特点（横坐标为时间，纵坐标为果实生长量），果实的生长曲线大致可分为单S形（见图1-12）与双S形（见图1-13）两种。

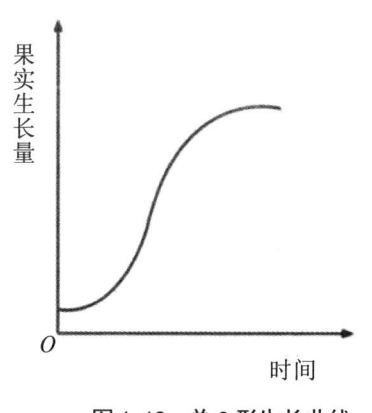

图1-12 单S形生长曲线　　图1-13 双S形生长曲线

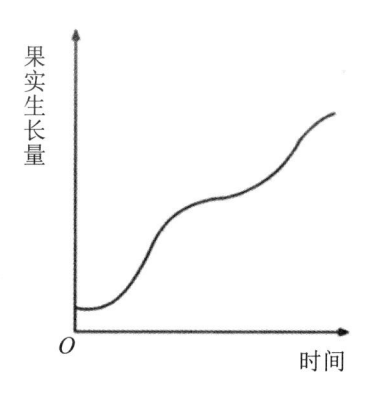

从图 1-12 可知，果实在生长发育的过程中只有一个快速生长期，在发育的初期和后期生长速度较为缓慢，苹果、番茄、梨等园艺植物的果实生长特点符合单 S 形生长曲线。从图 1-13 可知，在果实生长发育的过程中有两个快速生长期，其间存在一个阶段的缓慢生长期，桃、山楂、枣等园艺植物果实的生长特点符合双 S 形生长曲线。

第二章

园艺植物栽培的影响因素分析

第一节　土壤因素及其调控

　　土壤在园艺植物栽培中扮演着重要的角色，适宜的温度、湿度、酸碱度以及肥力能够促进园艺植物的生长发育，所以如何对土壤进行调控，以满足园艺植物栽培的需求，就显得非常重要。然而，一些土壤问题的出现，如土壤次生盐渍化、土壤板结、土壤酸化等问题，导致园地的土壤恶化，进而影响了园艺植物的栽培。因此，本节将重点分析土壤普遍存在的问题及其对园艺栽培产生的影响，并就如何改良调控土壤展开论述。

一、园地土壤次生盐渍化及其改良调控

（一）园地土壤次生盐渍化的原因

造成园地土壤次生盐渍化的原因很多，主要有以下几种。

1. 环境条件密闭

　　在园地设施范围内的土壤受园地自身的限制，其环境相对密闭，水的蒸发量较小，而且受自然降雨等自然条件的影响较小，有些甚至不受降雨的影响。土壤中的盐分不能随着雨水的冲刷渗透到土壤的深层，大多只能残留在比较浅的各耕种层，久而久之，导致了土壤的次生盐渍化。

2. 地势低洼

　　有些园地的地势低洼，地下水位则相对较高，导致土壤的穿透能力较弱，使土壤耕种层的盐分不能够随水下渗，从而造成了土壤次生盐渍化。

3. 化肥用量较大

　　园艺栽培中有时会采取集约化密集栽培的方式，所以对土壤肥力的要求较高，这就需要施加较多的化肥，以满足植物生长对营养物质的需求。化肥施加量的增加，会导致耕种层土壤盐分含量的增加，进而加剧了土壤的次生盐渍化。

4. 不合理灌溉

　　园艺栽培的耕作较为频繁，其灌溉量也相对较大，而灌溉量的增加会

引起地下水位的上升，土壤团粒结构被破坏，大孔隙减少，通透性变差，毛细作用增强，形成板结层，盐分不但不能移动到土壤深层，反而随毛细管水上升到土壤表层，水分蒸发使盐分积累下来，盐分表积逐渐加剧造成土壤板结和次生盐渍化。

（二）园地土壤次生盐渍化对园艺植物栽培的影响

1.影响土壤中微生物的活性

土壤中微生物的种类较多，有细菌、真菌、放线菌、藻类和原生动物等，数量也很大，1 g土壤中就有几亿到几百亿个。大部分土壤微生物对植物生长发育是有益的，它们对土壤的形成发育、物质循环和肥力演变等均有重大影响。例如，土壤中的固氮微生物能够将空气中的氮气转化为植物能够利用的固定态氮化物。而土壤的次生盐渍化不仅会直接影响土壤中微生物的活性，还会通过改变土壤的理化性质间接影响微生物生存的环境，进一步影响微生物的活性。当土壤中微生物的活性受到影响时，其对土壤产生的效用也会大大减低，从而间接影响园艺植物的栽培。

2.影响园艺植物对水分的吸收

植物吸收土壤中水分的动力有两种，一种是蒸腾拉力，另一种是根压。在蒸腾拉力较弱的情况下，根压是植物吸收土壤中水分的主要动力，而根压的形成受植物根内外水势的影响。当土壤中盐分含量较高时，土壤溶液的质量分数也相对较高，土壤水势会低于植物水势，从而导致植物吸水困难，出现生理干旱的现象。另外，土壤中的养分通常都是跟随水分一起被植物吸收，如果植物吸水出现困难，对养分的吸收也会出现问题，这势必会影响植物的生长发育。如果长时间吸水不良，可能会导致植物枯萎死亡。

（三）园地土壤次生盐渍化改良调控的方法

园地土壤次生盐渍化改良调控的方法很多，归纳起来主要有以下几种措施：工程措施、生物措施与农艺措施。

1.工程措施

（1）建立完善的排灌系统。通过建立完善的排灌系统，可以将土壤中的盐分溶于水中，并随水排出。一般而言，反复排水几次，便可以大大降低土壤中盐分的含量。排水一般分为垂直排水与水平排水。垂直排水主要利用竖井排水，这种方式不但不占地，而且价格相对低廉，同时可以和灌溉结合在一起，是一种不错的排水方式。水平排水则是以明沟、暗管的方式进行，不仅可以排除土壤中的盐分，还有助于降低地下水位，也是一种不错的排水方式。

（2）深耕翻土、客土与换土。深耕翻土就是通过深耕的方式，将深层的土壤翻上来，将表层的土壤埋下去。这种方式适用于次生盐渍化较轻的土壤，如果土壤次生盐渍化程度较高，则需要采用客土与换土的方式，即通过替换掉原来含盐量较高的土壤，从而实现改良土壤的目的。

2. 生物措施

（1）合理轮作。在同一块土地上连续种植同一种植物，容易导致土壤盐分的失衡，从而加剧土壤次生盐渍化的程度。因此，可以通过采用合理轮作的方式，均衡土壤中的盐分，从而缓解次生盐渍化的程度。

（2）生物除盐。生物除盐是在夏季设施休闲时，种植能吸收土壤盐分的植物。这些植物应具备在夏季6月～8月生长、耐高温、生长期短、生长迅速、生物量大、根系发达且深等特点，因此可以选用盐蒿、苏丹草、玉米（甜玉米或糯玉米）、高粱、绿肥等具有一定经济效益的作物。具体操作如下：上茬收获后，整地撒播玉米（亩①用量1～1.5 kg）、苏丹草（亩用量2.5～3 kg）或高粱（亩用量1～1.3 kg）等吸盐作物，待生长45～60 d，收获后粉碎还田，整个生长期间不施用任何肥料，出苗期灌水1次，如遇关键生长期可再进行灌溉。

3. 农艺措施

（1）合理施肥。合理施肥是预防土壤次生盐渍化的有效手段。具体措施主要有以下几点：施用有机肥，合理配施 N, P, K 肥，基肥深施，根外追肥；科学选肥，注意生理酸性肥料与生理碱性肥料的交替搭配；使用长效或可控缓释肥料；施用半腐熟有机肥或秸秆，在进一步腐熟过程中使微生物吸收氮素，即"以肥压盐"。

（2）使用土壤盐害改良剂。随着农业技术的发展，一些土壤盐害改良材料也逐渐应用到土壤改良调控之中，并取得了不错的成效。例如，聚谷氨

---

① 1亩 ≈666.67 m²。

酸便是一种常用的土壤盐害改良剂。实验表明，1 000 mg/L 的聚谷氨酸和景天三七联合修复，Ca^{2+}，Mg^{2+} 的去除率高达 90%。[1] 此外，壳聚糖也是一种常用的土壤盐害改良剂，它是一种高分子聚合物，其分子链上分布着氨基、酰胺基、羧基等活性基团，这些活性基团可以和土壤中的离子发生螯合反应，从而起到吸附土壤中盐分离子、降低土壤盐分的作用。

二、园地土壤板结及其改良调控

（一）园地土壤板结的原因

1.过量施肥

土壤的团粒结构是影响土壤肥力的一个重要因素，如果土壤团粒结构被破坏，将会使土壤的保水、保肥能力降低，进而造成土壤板结。而影响土壤团粒结构的一个重要因素是土壤有机质的含量，所以有机质含量降低是导致土壤板结的一个根本因素。土壤中有大量的微生物，土壤中有机质的分解便是依靠这些微生物来完成的，如对氮素与碳素分解的比例大约为 1∶25，即增加 1 份氮素，就会相应地多消耗 25 份碳素。其中，氮素来自施加的氮肥，碳素则来自土壤中的有机质，如果氮肥施加过量，就会导致土壤中有机质的消耗增加，从而影响土壤土粒结构，导致土壤板结。此外，磷肥的过量还会影响土壤团粒结构。土壤团粒结构是带负电的土壤黏粒及有机质通过带正电的多价阳离子连接而成的，多价阳离子以键桥形式将土壤微粒连接成大颗粒形成土壤团粒结构。土壤中的阳离子以 2 价的钙、镁离子为主。向土壤中过量施入磷肥时，磷肥中的磷酸根离子与土壤中钙、镁等阳离子结合形成难溶性磷酸盐，既浪费磷肥，又破坏了土壤团粒结构，致使土壤板结。

2.机械碾压

机械碾压是导致土壤板结的另一个重要因素，因为机械的碾压也会破坏土壤的团粒结构。如今，在园艺植物的栽培中，大型机械的运用已经非常普遍，虽然极大提高了栽培的效率，但是由于大型机械对土壤的碾压，导致了土壤的板结。机械碾压对土壤板结影响作用的大小，与机械自身重量、机

---

[1] 唐冬. γ-聚谷氨酸和耐盐植物联合修复设施栽培盐渍化土壤[D]. 重庆：西南大学，2015.

械碾压次数、土壤水分含量等有关。机械自身重量越大，施加到地面的压强越大，碾压的次数越多，越容易发生土壤板结。另外，在土壤水分含量较低时，机械碾压造成的影响一般在土壤浅层，深层土壤受到的影响较小；如果土壤水分含量较高，机械碾压对土壤造成的影响便会加深，最终会导致深层土壤发生板结。

（二）土壤板结对园艺植物栽培的影响

1. 对土壤结构及性质的影响

土壤板结会造成土壤结构的破坏，而土壤结构破坏会使土壤失去大孔隙，降低总孔隙度。总孔隙度的降低会影响土壤水分的入渗速率和导水率，同时使空气的通透性受到影响，从而影响植物的呼吸作用以及对水分的吸收。另外，土壤板结还会导致土壤生物学性质发生变化。土壤结构被破坏会影响土壤微生物以及多种酶的活性，而土壤中的微生物以及酰胺酶、脱氨酶等酶在提高土壤肥力中起着重要的作用，如果其活性降低，自然会导致土壤肥力的降低。

2. 对园艺植物生长发育的影响

植物通过根从土壤中吸收营养物质，用以植物的生长和发育。如果土壤板结，土壤的保水、保肥能力就会降低，进而影响植物的生长发育。此外，一些根系贯穿能力较弱的植物，受土壤板结的影响，其根下扎的深度会下降，并且会导致根系膨胀、变粗，这些都会影响植物根系从土壤中吸收营养物质，从而影响植物的生长发育。对于同一种植物，不同时期受土壤板结的影响也不同。通常情况下，出苗期受到的影响最为明显，不仅会导致出苗期的推迟，还会降低出苗率。

（三）园地土壤板结的改良调控

1. 多种工作方式相结合

采取多种耕作方式相结合的模式对减缓土壤板结具有一定的效果。比如，深松、旋耕和深耕三种耕作方式相结合。深松一般使用深松机进行作业，在保持田地表面平整的情况下，能够有效松动底下土壤并打破犁底层，以达到更好的蓄水保墒的效果，一般要求深松深度不小于35 cm。而旋耕是对土壤表面及浅层进行加工的一种作业方式，主要是将田地表面的秸秆粉碎、土块细碎化，便于下季的播种等作业，一般旋耕深度在 15 cm 左右。深耕则是使用犁等工具，将地下的土壤翻过来，使秸秆、草种、病虫等充分置换，让秸秆在地下腐烂，也能够有效打破犁底层，但后续还需要平整土地，一般深耕从 25 到 60 cm 不等。

2. 科学合理施肥

不合理施肥是引起土壤板结的一个重要原因，所以要改良土壤板结的问题，必须要做到科学合理地施肥。随着测土配方施肥技术的成熟，施肥之前可以根据植物生长的情况进行测量，然后制定科学的施肥计划，从而避免盲目施肥，减少不合理肥料的投入。此外，还可以增加有机肥的施加量。有机肥经过腐殖化作用之后，会以腐殖质的形式存在于土壤中，而腐殖质作为一种高分子化合物，其对土壤理化性质以及生物学性质的改变能起到非常积极的作用，从而改善土壤板结的情况。

3. 适当使用土壤调节剂

土壤团粒结构被破坏是造成土壤板结的重要原因。当土壤板结比较严重时，为了在短时间内改善土壤板结的情况，可以适当使用一些土壤调节剂，促进土壤团粒结构的形成。土壤中具有大量的有机胶体，这些有机胶体能够与土壤调节剂中的铁、钙等二价阳离子形成团粒结构，从而快速解决土壤板结问题。

三、园地土壤酸化及其改良调控

（一）园地土壤酸化的原因

1. 酸雨

酸雨是指空气受到污染而造成的酸性降雨。通常情况下，雨水中溶解二氧化碳达到饱和时，其 pH 约为 5.6，这一数值也是我们判断降水是否为酸雨的标准，当雨水的 pH < 5.6 时，便可以判定为酸雨。导致降雨酸化的物质主要是 SO_4^{2-} 和 NO_3^-。由此可知，是氮化物和硫化物被排到空气中，然后经过一系列的反应，以 SO_4^{2-} 和 NO_3^- 的形式溶解到雨水中，从而形成了酸雨。空气中氮化物和硫化物的来源主要有两个，一是自然，二是人为。前者，如

火山喷发、动植物分解都可以产生硫化物和氮化物，但影响相对较小；后者，如人类生产生活中煤的燃烧会产生大量的硫化物和氮化物，这是导致酸雨形成的主要原因。

2.酸性肥料的大量施用

随着一系列空气污染治理措施的出台，我国的空气质量在逐年转好，酸性降雨的情况已经大大减少，而且有些园艺栽培是在设施内，酸雨的影响相对较小。因此，酸性肥料的大量施用是造成土壤酸化的主要原因。园艺栽培离不开肥料的使用，这一点毋庸置疑，但有些肥料属于酸性肥料，如氮磷复混肥料，这些肥料含有游离酸，进入土壤后，会直接导致土壤的酸化。如果适量施用，通过一些调控措施，可以有效控制土壤的pH，但很多时候，为了增加产量，常常会过量施用肥料，从而导致了土壤的酸化。

（二）土壤酸化对园艺植物栽培的影响

1.土壤酸化对土壤的影响

土壤酸化对土壤的影响首先表现在土壤肥力的下降。在土壤酸化的过程中，土壤中K^+，Ca^{2+}，Mg^{2+}等离子会由于交换作用大量流失，土壤中盐基饱和度下降，有效态营养元素的含量急剧减少，导致了土壤肥力的下降。在对P的有效性影响上，土壤pH充当着重要的角色。研究表明，pH处于5.5～7.5之间时，土壤中有效磷的含量最高；随着pH向两极分化，P的固定逐渐加剧。就酸性土而言，土壤中含有大量Al^{3+}，Fe^{2+}等，这些离子与磷酸根离子易结合形成难溶性磷酸盐，从而降低磷的有效性。[1] 其次，土壤酸化会影响土壤中微生物的活性，在前文我们已经阐述了土壤中微生物的重要作用，而很多微生物活动的适宜pH为6.0～8.0，当土壤酸化，pH低于6.0时，会影响土壤中微生物的活性，进而间接影响园艺植物的栽培。

2.土壤酸化对园艺植物生长发育的影响

土壤酸化破坏了土壤的理化性质，使原有适宜园艺植物生长的土壤环境发生了改变，必然会影响植物的生长发育。以苹果的栽培为例，土壤酸性会明显影响苹果的产量与品质。研究表明，苹果果实单果重、可溶性固形

---

[1] 尹永强，何明雄，邓明军.土壤酸化对土壤养分及烟叶品质的影响及改良措施[J].中国烟草科学，2008（1）：51-54.

物、可溶性糖、果品色泽和果实风味 5 项果实品质评价指标与土壤酸度的相关系数分别为 0.971 1，0.954 8，0.962 9，0.984 2 和 0.949 4，呈显著相关，土壤pH越低，5 项指标表现值越低。可见，土壤酸化使果实品质明显降低。[①]

（三）园地土壤酸化的改良调控

1. 使用土壤改良剂

从化学的角度来看，要调控土壤的酸性，最直接的措施就是用碱去中和，所以很早便出现了用石灰调控土壤酸性的方法。通过在酸性土壤中施用石灰，土壤酸性有明显的降低，同时土壤的复酸化程度会加强，所以采用石灰降酸的方式，不能过于频繁。此外，在对土壤改良剂研究的过程中，人们还发现了一些能够改良土壤酸性的物质，如白云石、粉煤灰、磷矿粉等。这些物质在调控土壤酸性上都有着不错的效果，在具体的操作中，可以单独使用某种改良剂，也可以混合使用，具体以实际情况而定。

2. 采取生物措施改良调控

除了使用土壤改良剂来调控土壤酸性之外，还可以采取生物措施，其成效也较为显著。例如，蚯蚓能疏松土壤，增加土壤有机质并改善结构，还能促进酸性或碱性土壤变为中性土壤，增加磷等速效成分，使土壤适于园艺植物的生长，所以可以采取在土壤中养殖蚯蚓的方式来调节土壤酸性。另外，由于不同植物对土壤中离子的吸收存在差异，所以可以采取间作或套作的方式，以此来改善土壤结构，缓解土壤酸性的问题。

3. 其他措施

不当的园艺措施会促进土壤的进一步酸化，所以可以通过改良园艺措施的方式来促进土壤酸性的调控。比如，适量施肥、平衡施肥、合理浇灌、改良耕作方式等，都能够起到一定的调控作用。

[①] 敖俊华，黄振瑞，江永，等.石灰施用对酸性土壤养分状况和甘蔗生长的影响[J]. 中国农学通报，2010，26（15）：266-269.

第二节 温度因素及其调控

一、园艺植物与温周期

（一）昼夜温差与养分积累

在一天的时间范围内，温度会呈现出周期性的变化，并对园艺植物产生一定的影响。在白天时，气温较高，植物在阳光的照射下进行光合作用，积累有机养分；到夜间时，温度降低，形成昼夜温差，促进植物积累光合作用产生的养分。

（二）年温差与物候递变

在一年的时间范围内，温度也会呈现周期性的变化，并且很多动植物在长期进化的过程中适应了温度变化的规律，形成了生物学特征。园艺植物在生长的每个阶段都有相适应的温度条件，这便是其随年温差出现的物候递变现象。既然园艺植物在适应温度变化的过程中形成了具有遗传性的生物学特征，在其栽培的过成中就需要顺其自然，通过营造与之生长相适宜的温度条件，保障园艺植物顺利地生长发育。

（三）积温与植物生长发育

园艺植物生长发育需要一定的温度条件。在植物生长所需要的其他条件得到满足时，植物生长发育的速度与气温密切相关。在一定温度范围内，发育速度和气温呈正相关，并且要积累到一定的温度总和，才能满足植物生长发育过程的需要。这个温度累积数称为积温。

二、温度对园艺植物的影响

（一）温度对不同植物以及同一植物不同阶段的影响

不同的园艺植物因种类的不同，对温度有着不同的要求。据此，我们可以将植物分成耐寒园艺植物、喜温园艺植物和喜热园艺植物。耐寒园艺植物的最适生长温度偏低，如有些园艺植物的适宜温度一般在20℃左右，但在3～5℃也可以生长，超过25℃则不利于其生长。喜温园艺植物的适宜温度一般在25℃左右，超过30℃或低于10℃都不利于植物的生长。喜热园艺植物的适宜生长温度一般在30℃左右，超过40℃时也能够正常生长，但不耐寒，低于15℃便停止生长。

此外，不仅不同的园艺植物对温度的要求不同，同一种园艺植物在不同的发育阶段对温度的要求也不同。一般情况下，从种子萌发到开花、结果，各个阶段对温度的要求是随着季节的变化而变化的，这一点就是我们前面所说的物候递变。

（二）温度对花芽分化的影响

根据园艺植物的种类不同，其花芽分化要求的温度也不同，大体上可以分为高温花芽分化与低温花芽分化。

1. 高温条件下花芽分化

有些园艺植物到6月—8月，当温度上升到25℃以后才进行花芽分化，入秋后便进入休眠模式，经过一段时间的低温期后，休眠结束，开始开花，如山茶花、杜鹃花、梅花等。

2. 低温条件下花芽分化

有些园艺植物需要低于20℃的温度条件下才能够进行花芽分化，如石斛属、卡特兰属的花卉。另外，许多秋播的园艺植物，如金盏菊、雏菊，也需要在低温环境下才能进行花芽分化。

（三）高温与低温障碍

虽然不同植物对温度的要求不同，但每一种植物都有温度适应的上下限，超过了温度上限或温度下限，都会对植物的生长产生负面的影响。

1. 高温障碍

当植物生存的环境温度超过其适应的温度上限后，植物的生长发育就会受到抑制。这是因为对园艺植物来说，光合作用的最适温度与呼吸作用的最适温度不同，一般植物光合作用的最适温度为20～30℃，而呼吸作用的最适温度为30～40℃。当盛夏时节，温度超过30℃时，光合作用减弱而呼吸作用加强，养分的积累减少，植物的生长自然会受到抑制。此外，温度的上升会引起蒸腾作用的加强，导致水分的散失，轻则萎蔫，重则干枯死亡。

2. 低温障碍

低温对园艺植物造成的危害比高温更为严重，一般我们将低温危害分为冷害和冻害两种。冷害是指0℃以上低温对园艺植物造成的伤害，冻害则是指0℃以下低温对园艺植物造成的伤害。持续的低温对园艺植物的生长非常不利，不仅影响植物的光合作用，还会引起植物细胞膜透性发生变化，损害植物细胞，进而导致植物生长发育缓慢，甚至凋谢死亡。

三、园艺设施内的温度特点

（一）园艺设施内的气温特点

气温，即空气温度。设施内的气温呈现出一定的变化特点，与时间、空间以及太阳照射等都有一定的相关性。

1. 太阳光照射与设施内的气温

太阳照射是设施内热的一个重要来源，太阳光辐射强度的大小，影响着设施内温度的变化。一般情况下，太阳光强，照射的时间长，设施内的温度较高。在日落之后，如果不采取人工措施，设施内的气温会呈现出一种平稳下降的状态。

2. 设施内气温的日变化

设施内的温度受周围环境的影响，其温度变化与周围环境温度变化规律相同。设施内最低温度出现在凌晨，即日出之前，日出之后，设施内的温度会逐渐升高，在下午1点左右温度达到顶点，随后温度缓慢降低。日落之后，温度降低的速度加快，但仍呈现一种平稳下降的状态。

3. 设施内气温的垂直与水平分布

在一定高度范围内，设施内气温随高度的增加而增加。在水平方向上，中部气温最高，南部气温略高于北部气温，东西两侧则随太阳的方向而变化，即上午时东侧偏高，下午时西侧偏高。在夜间，中部气温略高于四周，如果发生冻害或冷害，边缘受害较为严重。

（二）园艺设施内的地温特点

园艺设施内温度的变化不仅受气温的影响，还受地温的影响，尤其在夜间时段，多数的热来自土壤的蓄热。园艺设施内的地温有以下特点。

1. 设施内土壤的热岛效应

在露天环境下，我国北方地区进入冬季之后，其土壤温度会降到很低，表层土壤甚至会形成冻土层。而在设施内，由于一系列的升温与保温措施，其温度相对较高。设施内的土壤从地表到地下 50 cm 处，有着较大的增温效应，这种现象便是设施内的热岛效应。

2. 设施内地温的变化

设施内的地温会随着季节以及一天内时间的变化而发生变化。地温的季节性变化体现在夏季最高，冬季最低，春秋居中。地温的日变化不仅与时间有关，还与土壤的深度有关。在晴天时，从日出开始，地温逐渐升高，到最高点后逐渐下降，日落后下降幅度有所增加。不同的是不同深度土壤最高温出现的时间点不同，表层土壤最高温出现在下午 1 点左右，5 cm 处的土壤最高温出现在下午 2 点左右，10 cm 处的土壤最高温出现在下午 3 点左右。另外，地温的日温差以土壤表层变化最大，随着土壤深度的增加，日温差逐渐减小。

四、温度的调控

依据园艺植物生长对温度的要求，在园艺植物栽培中，对温度的调控一般包括保温、升温、降温三种。

（一）保温

1. 保温的原则

保温的原则就是以减少热量的散失为主，具体可归纳为四点：一是减少向设施内表面的对流传热和辐射传热，二是减少覆盖材料自身的热传导散热，三是减少设施外表面向大气的对流传热和辐射传热，四是减少覆盖面的漏风而引起的换气传热。

2. 保温的主要措施

（1）覆盖保温材料。通过在设施周围覆盖保温材料，可以减少设施热的散失。覆盖的保温材料主要有草苫、无纺布、纸被、塑料薄膜。如果覆盖一层保温材料不能达到保温的需求，可以覆盖多层，但覆盖层数过多容易导致管理上的不方便，如多层草苫不利于自动卷放。这时，可以选择将保温材料覆盖的层数控制在一定范围内，再结合其他方法，以达到保温的需求。

（2）减少缝隙散热。如果设施的密封性达不到要求，便会出现缝隙散热的情况，虽然缝隙散热的影响较小，但会影响设施内的温度，所以一定要保证设施的严密性，尤其保证通风口和门关闭时是严密不透风的。当墙体或薄膜出现缝隙时，要及时粘补和堵塞。

（3）保持较高的地温。地温也是影响设施内温度的一个重要因素，通过保持较高地温的方式，也可以实现保温的效果。保持地温的方法很多，如在设施四周挖防寒沟，具体操作是在设施的四周挖宽约 30 cm、深约 50 cm 的沟，在沟内填入干草，然后用塑料薄膜封盖，这样可以减少设施内土地热的散失，从而起到保持地温的作用。

（4）在设施四周设置风障。对于多风的北方和西北地区，可以通过在设施四周设置风障的方式来阻缓风速，从而达到保温的效果。

（二）升温

1. 升温的原则

在冬季，由于自然环境的温度降低，设施内的温度也会受到影响随之降低，如果不采取一定的措施，当温度降低到园艺植物生长所要求的温度下限后，植物的生长就会受到影响，甚至凋谢死亡，所以需要升温。升温的原则就是在保温的基础上，通过一系列的措施提高设施内的温度，从而达到植物生长所适宜的温度。

2. 升温的主要措施

（1）太阳能加热。太阳能加热是一种自然加热方式，满足环保的要求，缺点是加热的效果受天气影响较大，效果不是十分理想。在具体操作中，可以采取将墙面涂黑的方式，因为黑色能够吸收更多的太阳能，并将其转化为

热能。另外，还可以利用太阳能将水加热，然后借助循环设施将热传送到设施内。

（2）酿热温床增温。酿热温床是利用栽培床底部填放的有机物，如马粪、牛粪、稻草、有机垃圾等，进行微生物分解时放出的热量进行加温的。用于酿热的材料通称为酿热物。酿热物又依据其发热温度特点分为高热酿热物（如新马粪、新厩肥、新兔粪、羊粪、饼肥等）和低热酿热物（如牛粪、猪粪、稻草、麦秸、杂枯草及有机垃圾等）两种类型。酿热物的填充厚度一般在 20～60 cm 之间。低于 20 cm 则发热慢、发热少、畦温低，超过 60 cm 则由于下层酿热物通气不良难以发热。酿热物不可过松，以免引起培养土和苗床塌陷；也不可过实，以免导致通气不足而影响产热。

（3）热风加热。热风加温系统由热源、空气换热器、风机和送风管道组成。其工作过程为由热源提供的热加热空气换热器，用风机强迫温室内的部分空气流过空气换热器，这样不断循环进行温室加热。热风加热系统的热源可以是燃油、燃气、燃煤装置或电加热器，也可以是热水或蒸汽。热源不同，热风加温设备安装形式也不一样。蒸汽、电热或热水式加温系统的空气换热器安装在温室内与风机配合直接提供热风。燃油、燃气式的加热装置安装在温室内，燃烧后的烟气排放到温室外。燃煤热风炉一般体积较大，使用中也比较脏，一般都安装在温室外面。为了使热风在温室内均匀分布，由通风机将热空气送入通风管。

（三）降温

1. 降温的原则

在夏季温度过高时，降温是非常有必要的。设施内降温的原则就是减少热进入，促进热流出。

2. 降温的主要措施

（1）通风散热。

通风是降低设施内温度的有效途径。通风的方式主要包括以下两种。

①带状通风：在扣膜时预留一条可以开合的通风带，需要降温的时候便把通风带打开，不需要的时候便把通风带合上。通风量的大小可以通过调节通风带开合的大小来控制。

②筒状通风：筒状通风又被称为烟囱式通风。从"烟囱"二字便可以比

较直观地理解这种通风方式，就是在设施顶部开一排"烟囱"状的通风口，通风口同样可以开合，在有需要的时候打开通风口，不需要的时候闭合。通风量的大小可以通过开合"烟囱"的数量来调节。

在采取通风降温的方式时，有以下两点需要注意。

第一，逐渐增大通风量。在打开通风口时，切忌一次性打开所有的通风口，应该先打开1/3或1/2，通风一段时间后，再打开全部的通风口。

第二，反复多次通风。反复多次通风是为了将温度控制在一定范围内。当温度偏高时就打开通风口，当温度降低到一定范围后便关闭通风口，从而保证设施内的温度维持在一定范围内。

（2）遮光降温。

太阳的照射能够促使设施内温度的上升，所以可以通过遮挡太阳光的方式促进设施内温度的降低。当遮光率在20%～30%的时候，设施内的温度大约可以降低4～6℃。至于遮光的方式，通常采取室外遮光，如挂遮光幕，在屋顶表面喷涂白色遮光物等；室内遮光也可以采取挂遮光幕的方式，只是相对室外挂遮光幕的方式，降温效果较差。

（3）蒸发降温。蒸发降温就是利用水分蒸发时会吸收热的原理，主要有屋顶喷雾法、湿帘蒸发降温法与雾化蒸发降温三种方式。

①屋顶喷雾法：在屋顶外不断喷洒水雾，当水雾蒸发后，屋内顶部的温度下降，然后屋内下部的热空气上升，顶部的冷空气下降，从而实现降温的目的。

②湿帘蒸发降温法：湿帘是由桫椤状纸板层叠而成的幕墙，墙内有水分循环系统，借助轴流风机形成室内负压，室外空气流经湿帘，经湿帘内水分蒸发吸热，形成低温气体流入室内，起到降温作用。降温幅度一般可达到2～4℃。

③雾化降温：雾化降温的基本原理是普通水经过滤后加压（4 MPa），由孔径非常小的喷嘴（直径15 μm）形成直径20 μm以下的细雾滴，与空气混合，利用其蒸发吸热的性质，大量吸收空气中的热，从而达到降温目的。这一方法的降温幅度可达7℃，相对于湿帘蒸发降温法，其降温效果更为理想。

第三节　光照因素及其调控

光照是园艺植物生长的必要条件，只有在光照下，植物体内的诸多反应才能够完成，如光合作用。不同的园艺植物对光照的要求不同，甚至同一植物在其生长的不同阶段，对光照的要求也会有差异。因此，分析光照对园艺植物的影响时，需对光照环境进行调控，从而满足植物对光照的需求，进而提高园艺植物的产量，改善果实（树）、蔬菜以及花卉的品质。

一、光照与园艺植物的生长发育

（一）光照强度与园艺植物的生长发育

根据园艺植物对光照强度的适应情况，可以将园艺植物分为阳性植物、中性植物与阴性植物三类。

1. 阳性植物

阳性植物对光照强度的需求很高，如果受光不足，光合作用便无法充分地进行，从而影响新枝的发育和花芽的形成。就阳性园艺植物而言，果树类园艺植物如果受光不足，其果实容易出现常青不上色的情况；花卉类的园艺植物如果受光不足，不仅其花朵偏小，花的香味也会不浓郁；蔬菜类园艺植物如果受光不足，便会出现枝细、叶大的情况，进而影响开花结果。因此，阳性园艺植物适宜在光照强度较大的环境下栽培。

2. 中性植物

中性植物对光照强度的适应范围较宽，稍能耐阴，同时在较强的光照条件下能够很好地生长。当然，在全阴的条件下以及盛夏时节强烈的阳光照射下，其生长发育也会受到影响。因此，中性园艺植物需要在光照较为充足的环境下栽培，在盛夏时节光照强度较高的时候也需适当地遮光。

3. 阴性植物

阴性植物在隐蔽的环境下能够很好地生长发育，它们对光的需求较少，无法忍受强烈的照射，否则会导致叶绿素被破坏，进而影响植株的生长发育。园艺植物中的阴性植物多指阴性花卉，它们具有较强的耐阴能力，喜欢在以散光为主的环境下生长。当然，即便是阴性植物，也需要光照，以进行光合作用，所以阴性植物的叶片大多呈现出大而薄的形态，且叶片多呈平面状镶嵌排列，这样便可以提高光能的利用率，从而适应弱光的环境条件。

虽然我们将园艺植物粗略分为阳性植物、中性植物与阴性植物三类，但园艺植物的喜光/耐阴性并不是一成不变的，它也会随着生态环境的改变而改变。此外，同一种植物在不同的生长发育阶段、不同的季节，也会表现出不同的喜光/耐阴性。例如，多数的园艺植物在苗龄期稍能耐阴，在长大进入开花结果的阶段，耐阴性会显著减弱。因此，在了解不同园艺植物对光照强度适应情况的基础上，还需要对某一种园艺植物做更为细致的了解，这样才能结合某一种园艺植物对光照进行更具针对性的调控。

（二）光照时长与园艺植物的生长发育

根据光照时长对园艺植物生长发育的影响，可以将园艺植物分为长日照植物、中日照植物与短日照植物。

1. 长日照植物

长日照植物在开花前的生长阶段中，每天需要接受 12～14 h 的日照，才能实现从营养生长到生殖生长的转换，才能有后续的开花结果。如果日照时间不足，或者在整个生长期不能够得到其所需的日照条件，那么就会导致开花的时间延迟，甚至不能开花。因此，长日照园艺植物需要在充足的日照条件下栽培。

2. 中日照植物

这类植物对日照时间的要求不严格，如果其他条件适宜，在长日照与短日照的环境下都可以顺利地生长发育。在园艺植物中，不少植物在温度条件适宜的情况下，一年四季都能够开花，如花卉中的四季海棠、月季，蔬菜中的西红柿、辣椒等。此外，还有些短日照或长日照园艺植物，通过人工选育，改变了其固有的日照属性，成了中日照植物，对光照时间的要求降低了，提高了适应性。

3. 短日照植物

短日照植物在开花前的生长阶段中，只有日照时间不超过其临界日照

时长,才能够实现从营养生长到生殖生长的转换,进而现蕾开花。例如,菊花、一品红便属于短日照花卉,其每日的日照时长低于 12 h,才能够顺利地现蕾开花,如果日照时间过长,便会抑制生殖生产,但营养生长不会停止,所以会出现植株高大但不开花的现象。因此,短日照园艺植物栽培时需要控制日照的时间。

二、光照环境的调控

(一)光照时长的调控

1. 短光照与长光照处理

根据园艺植物的光周期特征,对园艺植物进行短光照(遮光)或长光照(点光源照射)处理,以此来调控光照的时长,调节园艺植物的开花期或休眠期,从而实现产品的反季节栽培。目前,长光照处理与短光照处理已经广泛应用到园艺植物的栽培中,如中高纬度地区的草莓栽植,通过长光照处理,可以阻止草莓冬眠,使草莓提前开花结果,提前上市,从而提高经济效益。

2. 常用方法

短光照处理的方法是采用遮光效果非常好的遮光网覆盖。遮光网的透气性要求良好,这样才能在遮光的同时不影响空气环境。长光照处理通常借助电光源来实现,常用的方法有初夜照明、深夜照明、间歇照明与黎明前照明。

(1)初夜照明。初夜照明的目的是为了延长照明的时间,在日落之后,便开始借助电光源进行照明。对长日照园艺植物来说,可以通过初夜照明的方式补足日照时间,以此促进植物开花;对短日照园艺植物来说,可以通过这种方式来抑制其开花。

(2)深夜照明。园艺植物的光周期反应受光照时长与暗期时长的共同影响,深夜照明的方式就是在黑夜中插入一段长达 2~4 h 的光照时间,将暗期中断,进而降低暗期对植物的影响作用。这一方法与初夜照明能够达到相同的效果。

(3)间歇照明。顾名思义,间歇照明的方式就是将连续照明改为间歇性地照明,其效果与连续照明相同。具体方法就是调控电光源装置,使其每小时亮灯 10～20 min，如此反复。

（4）黎明前照明。与初夜照明处理方式相同，只是照明的时间从初夜变为了黎明前的一段时间。

（二）光照强度的调控

1. 遮光

一般遮光率达到 100% 时，是为了降低光照的时长；当遮光率低于 100% 时，则是为了调节光照的强度。在夏季高温季节，对于一些喜阴的园艺植物，通过遮光的方式降低光照强度，可以更好地促进这类植物的生长。目前，常用的遮光方法有以下几种。

（1）遮光网覆盖。通过覆盖遮光网，能够减弱光照的强度，一般覆盖遮光网的时间为上午的 9～10 点，到下午 3～4 点撤掉遮光网。根据园艺植物对光照强度需求的不同，可以选用不同遮光率的遮光网。

（2）设施内种植藤本植物。通过在设施内种植一些攀爬的藤本植物，也可以达到遮光的效果。为了达到美观的效果，可以种植一些具有观赏性的藤本植物，如天南星科、兰科等。

（3）玻璃面上涂白灰。先取 5 kg 的生石灰，加少量水粉化，过滤后再加入 250 g 的食盐与 25 kg 的水，然后用喷雾器均匀喷洒在外玻璃面上，如果遇到降雨冲刷掉，可再次喷洒。玻璃喷白之后能够反射、遮挡太阳光，所以也能够起到遮光的作用。

（4）室外种植落叶树种。在距离外墙 2～2.5 m 处，种植一些高度适宜的树种，树种要求枝叶不能太过茂盛，否则遮光太多也不利于园艺植物的生长。另外，由于冬季光照强度减弱，不需要进行遮光处理，所以需要选用落叶树种，以防冬季遮光。

2. 人工补光

当光照强度不足时，有些园艺植物光合作用的效率会受到影响，所以需要通过人工补光的方式来达到要求的光照强度。人工补光需要用到电光源，通常对电光源的要求有三点：一是要达到一定的强度；二是要求光照的强度可调；三是要求其照射出的光有一定的光谱能量分布，能够较好地模拟自然光。当然，由于人工补光的能耗较高，所以主要应用在育种、引种与育苗这些阶段。目前，人工补光常用的电光源有白炽灯、日光灯、荧光灯。

（1）白炽灯。白炽灯在提供光照的同时，能够产生热效应，但白炽灯容易导致高温，烧伤植物，所以为了避免这一情况的发生，可以采取两种措施：一是采用移动灯光，即光源的位置不是固定的，而是移动的；二是安装水滤器，即在灯光装置下安装透光性较好的水滤器，通过水的流动将部分热带走。

（2）日光灯。日光灯虽然缺少紫外光，但相对而言光谱较全，而且克服了白炽灯热辐射的缺点。

（3）荧光灯。荧光灯辐射的紫外部分能够被灯罩内所涂的荧光粉转变为可见光，光的颜色取决于所涂的荧光粉。荧光灯不仅适用于增加光照时长，还适用于人工补光。

第四节　水分因素及其调控

一、设施内水分条件的特点

设施内水分的影响不仅体现在土壤上，还体现在空气上（空气湿度），所以在分析设施内水分特点的时候，需要分别分析土壤水分特点与空气湿度特点。

（一）设施内土壤水分特点

1. 不均匀性

设施内土壤蒸发与植物蒸腾到空气中的水分，一部分从设施通风窗或缝隙逸出，一部分凝结在设施上，而凝结在设施上的水分大部分凝结在了塑料薄膜上，形成了水雾，当水雾较多时便会形成水滴滴落到地上。水滴一旦形成，其位置一般相对固定，这就容易造成某些地方比较潮湿，从而使设施内土壤水分分布不均匀。

2. 湿度较大

就露天地而言，由于土壤水分的蒸发作用较大，露天地土壤呈现出一种干湿交替的状态。但设施园地的密闭性较好，设施内空气的湿度较大，土壤水分的蒸发作用相对露天地小很多，即便每次浇灌的量较小，土壤也会较长时间地保持比较湿润的状态。

（二）设施内空气湿度的特点

虽然相对露天地来说，设施内的蒸发作用较小，但由于设施的密闭性较好，所以设施内空气的湿度较大。尤其在冬季通风较少的情况下，设施内空气的湿度可以长时间维持在一个较高的状态下。设施内空气湿度除了受土壤蒸发作用的影响，还受温度的影响，一般温度越高，设施内的湿度越低。其实，温度的升高会促进土壤水分的蒸发，使空气中的水分能够不断得到补充，但温度升高会引起饱和水汽压增大，所以湿度呈现一种降低的状态。另外，设施内湿度的变化也有季节性变化与日变化，一般低温季节的湿度大于高温季节，夜间湿度大于白天湿度，阴天湿度大于晴天湿度。

二、水分条件对园艺植物的影响

（一）园艺植物的需水性

不同园艺植物对水分的需求不同，据此，可以将园艺植物分为水生植物、湿生植物、中生植物和旱生植物四类。

1. 水生植物

水生植物必须生活在有水的环境条件下，如睡莲、菱角等。水中的含氧量相对土壤来说非常小，很多陆地生长的植物如果根系被水浸没，便会因缺氧而死亡。但水生植物由于其根、茎、叶的营养器官具有非常发达的通气组织，所以可以将空气中叶片采集的氧气输送到其他部位，从而使呼吸作用正常进行。对水生园艺植物来说，一旦从水中离开，叶片就会逐渐萎蔫，最终死亡。

2. 湿生植物

湿生植物适宜生活在潮湿的环境中，对水分的需求较大，如水仙、花芦、慈姑等。根据湿生植物对光照的需求条件，将其分为阳性湿生植物和阴性湿生植物。阳性湿生植物适宜在土壤水分充足且光照充足的条件下生长，阴性湿生植物适宜在水分充足但光照较差的条件下生长。阳性湿生植物与阴性湿生植物虽然对光照的需求不同，导致它们各有一些不同的特点，但作为湿生植物，它们之间存在很多的共同点，如叶子大而薄、根系不发达、细胞渗透压不高等。

3. 中生植物

多数的园艺植物都属于中生植物。这类园艺植物适宜在湿润的水分条件下生长，但过湿和过干都不利于其生长。虽然中生植物普遍不耐旱，但不同种类的植物耐旱性有差异。比如，木本植物中，枣树、白玉兰、板栗等比较耐旱，桃树、腊梅、梨树等不耐旱，所以在水分管理中也需要因种类而异。

4. 旱生植物

旱生植物在长期进化的过程中，形成了适应干旱环境的特殊结构，如叶片退化成针刺状，且气孔较少，在白天，当气温较高时，气孔常常呈关闭的状态，在夜间温度降低之后，气孔才打开。另外，很多旱生植物的根系比较发达，能够伸到土壤深处，吸收土壤深处的水分。对旱生植物来说，短期的干旱或强度不大的干旱对植物影响不大，但旱生植物不耐涝，空气湿度过大或者灌溉太多，反而影响这类植物的生长，严重的时候甚至导致植物烂根死亡。

不仅不同种类的园艺植物对水分的要求不同，同一种园艺植物不同的生长发育阶段对水分的要求也不同。多数园艺植物从种子萌发到花芽分化之前的这一阶段，对水分的需求量是逐渐增加的，花芽分化期对水分的需求反而减少，开花结果阶段对水分的需求量是最大的，到果实或种子成熟以后对水分的需求量最少。不同园艺植物以及同一类园艺植物对水分的需求不同，自然环境下的降水往往很难充分满足植物生长的需求，所以在园艺植物的栽培管理中，需要结合园艺植物生长对水分的需求调节空气湿度以及土壤水分含量，从而创造适应园艺植物生存的水湿环境。

（二）园艺植物生长发育中水的作用

水在园艺植物的生长发育中起着极其重要的作用，具体有以下几点。其一，水是植物进行光合作用必不可少的原料，每合成 1 g 有机物，大约需要消耗 0.6 g 的水。其二，水是主要的溶剂，很多营养物质需要溶解在水中，才能够被植物根系吸收。其三，水是重要的介质，植物体内发生的很多反应（如酶促生化反应）需要有水的参与或者在有水的条件下才能够进行。其四，水是植物体内营养物质运输的媒介，也是提供运输动力的关键因素。土壤中的营养物质在被根系吸收之后，溶于水中被运输到植物的各个部分，而运输的一个动力来源是植物的蒸腾作用。植物通过蒸腾作用，形成蒸腾牵引力，将低处的水分以及营养物质运输到高处，尤其对一些高大的植物来说，如果蒸腾作用减弱，植株较高部分将无法获得充足的水分和营养物质，也就不能正常地生长发育。因此，为了维持正常的蒸腾作用，适当地补充水分是非常有必要的。其五，细胞原生质正常的生命活动需要水作保障，水分的不断更新促使植物体内渗透压的正常，并使植物处于细胞的膨压状态，从而维持叶片的舒展、枝条的挺立以及花苞的开放等。

（三）干旱与水涝对园艺植物的危害

多数园艺植物生长需要适宜的水分条件，干旱和水涝都会对植物造成危害，下面便分别对干旱与水涝的危害做简要阐述。

1. 干旱对园艺植物的危害

干旱主要是由空气干燥或土壤缺水造成的。干旱条件下，植物无法得到充足的水分，会导致植物体内正常的水分循环失衡，进而导致一系列的问题，如气孔关闭、细胞内物质分解加速、同化作用减弱等。尤其在炎热的夏天，植物的蒸腾作用加快，如果不能及时补充水分，轻则抑制植物生长，重则引起植物失水萎蔫，甚至干枯死亡。根据干旱的成因不同，我们可以将干旱分为土壤干旱、大气干旱和生理干旱。

（1）土壤干旱。土壤干旱是指土壤持水量降低到适宜植物生长的水分线以下，导致植物的吸水速度小于叶片的蒸腾速度，从而引起植物体内水循环的失衡，进而引发不同程度的萎蔫现象。连续高温、少雨且未及时灌溉是导致土壤干旱的主要原因，而及时浇灌是解决土壤干旱最有效的措施，并且多数的土壤干旱都能够通过浇灌的方式解决。当然，出现土壤干旱时要及时通过浇灌的方式解决，否则造成植物永久萎蔫时，便会造成不可挽回的损失。

（2）大气干旱。空气湿度低、多风是造成大气干燥的主要原因。大气干燥对园艺植物的影响相对较小，而且大气干旱造成的植物萎蔫通常都是暂时的。当大气干旱强度不大时，只要土壤湿润，一般不用浇灌，随着夜幕的来临，温度降低，湿度增大，植物的茎叶便能够逐渐地恢复挺拔。当然，有些情况也需要通过一系列的手段缓解大气干旱。比如，有些盆栽花卉在春季刚刚发出嫩芽的时候，如果空气湿度过低，便容易导致嫩叶出现干尖的现象，所以需要将其转移到避风处，并避免阳光的直射，必要时喷洒少量水雾。

（3）生理干旱。土壤缺水并不是引起园艺植物生理干旱的原因，施肥

过多、土壤盐碱化才是罪魁祸首。因为当土壤中溶液的浓度高于植物根系中细胞液的浓度时，便会导致根系吸水的障碍，进而引起生理性的干旱。生理性的干旱不是由于缺水造成的，所以不能通过灌溉的方式解决，而且有时会因为浇水不当，导致干旱程度的加重。生理干旱的危害程度会随着时间的延长以及土壤中溶液浓度的提高而加重，所以发生生理干旱时，要及时解决，否则容易对植物造成永久性的伤害。

2. 水涝对园艺植物的危害

园艺植物生长需要适宜的水分环境，因为植物的生长发育不仅需要水分，还需要其他的因素条件。如果土壤中水分过多，空气的量必然会减少，这样植物根的呼吸就会受到影响，这种状况如果长时间持续的话，植物根系便会因为缺氧死亡。尤其对中生植物与旱生植物来说，在过湿的环境中生长，往往会出现茎叶徒长、枝叶易折断、植株易倒伏等情况，严重的还会引起落花、落果，甚至植株死亡。有些园艺植物水涝时的表现与干旱相似，如果判断不当，将水涝当作干旱处理，势必会加重水涝的危害，加速植物的死亡。园艺植物的涝害是可以预防和缓解的，如做好开沟排水工作，保证园地的水流通畅，遇到雨水天气不会大量积水。同时，不在低洼处建园，不在低洼处种植中生植物和旱生植物。当遇到水涝时，要及时排除积水，避免雨水的聚积，如果植物枝叶上粘有淤泥，也要及时清理。就盆栽园艺植物而言，防涝的关键在于排水孔的疏通，这样，即便浇水过多，也会从排水孔流出，从而避免水涝的发生。

三、水分环境的调控

（一）土壤水分的调控

土壤水分的调控通过灌溉与排水来实现，其中，排水主要通过排水沟来实现，并且洪涝发生的概率较低，所以在此我们仅就灌溉做主要阐述。

1. 植物灌水期的确定

在前面笔者已经指出，同一种植物在不同的生长发育阶段对水分的需求不同，所以确定植物的灌水期，并适度浇水，才能更好满足植物生长发育对水分的需求。植物灌水期的确定有多种方法，如可以直接用仪器测定，并根据植物当前生长阶段对水分的需求情况作比较，从而做出是否灌溉的决定。如果没有仪器，也可以利用手的感知去确定。一般情况下，取地下10 cm深处的土壤，并用手握之，如果土壤不成团，则说明土壤过干；如果土壤成团，说明土壤湿润；如果土壤中有水溢出，则说明土壤中有积水。这种方法简单易操作，但不够精确，需要具有比较丰富的经验，对植物需水的情况有充分的了解，才能够做出更为准确的判断。

2. 灌水时间的选择

在选择灌水时间时，要考虑空气的湿度以及地温等因素。在寒冷的季节，灌水时间要选在晴天，最好在灌水后的几天内都是晴天，这样有利于提高地温。一天中的浇水时间宜在早晨，这样也有利于提高地温。而在温度较高的季节，浇水时间可以选在傍晚，这样有利于降低地温。但无论在什么季节，浇水时间都不宜选在晴天温度最高的时候，因为此时植物的生命活动最为旺盛，浇水会导致地温的骤降，从而影响植物根系对水分和营养物质的吸收，进而影响植物的生长发育。

3. 水量的调控

园艺植物灌溉时，浇水量不宜过大，否则容易引起水涝，从而对植物造成损害。灌水量除了通过控制浇水时长来调控，还可以通过采取不同的灌水方法实现。目前，园艺植物栽培中常用的灌水方法有以下几种。

（1）皮管灌水。皮管灌水是较早兴起的一种灌水方式，目前也一直在运用。这种方法是用直径2～3 cm的皮管连接到水泵上，直接将水引到园地进行灌溉。这种方式采用的设备简单，不占用土地，易于操作，缺点是灌水时易冲刷地面，破坏土壤结构。

（2）喷灌。喷灌系统由进水管、抽水机、主管道、支管道、立管、喷头和阀门组成。抽水机将水从地底抽取并将水输送到管道，最后通过喷头将水喷出，由于喷头的特殊结构，喷出的水可以像天然降水一般缓慢降到地面。目前，常用的喷灌系统有固定式、半固定式与移动式三种。

（3）喷雾。喷雾灌水的方式与喷灌方式相似，只是其喷出的水呈雾状，所以在增加土壤湿度的同时会增加空气的湿度，所以这种浇灌方式适用于耐空气湿度较大的园艺植物。

（4）滴灌。滴灌是利用低压管道系统以及分布在植物根部的滴头，将水输送到植物根部，以实现局部灌溉的一种方式。滴灌是一种有效的节水灌溉方式，因为水在管道中流动，并直接抵达植物根部，不会因蒸发损失，不

会打湿叶面，也不会浇灌到有效湿润面积以外的土壤。其缺点是滴头容易堵塞，导致浇水量不均匀，而且在含盐量较高的土壤中运用滴灌的方法时，土壤盐分会聚集在湿润区，即植物的根部，使盐分积累过多形成盐害，影响植物的生长。

（5）地下灌水法。地下灌水法是将水管埋到地下约10 cm的深处，水从水管中的小孔渗出进入土壤，实现对植物根部的直接灌水。由于此法将水直接输送到地下，可以有效防止空气湿度的增加，而且国内已有适用于此种方法的设施，自动化程度较高，省时省力，缺点是造价较高。

（二）空气湿度的调控

1. 降低园地空气的湿度

（1）通风排湿。通风是降低设施内空气湿度的有效方法。通常情况下，通风的最佳时间是中午，因为中午的温度较高，并且此时设施内外的空气湿度差异较大，设施内空气中的水分容易排出。通风排湿时，要避免出现通风的死角，导致局部空气的湿度较大。

（2）合理选择施药时间与施药方式。温度较低时，由于设施内的空气湿度不易排出，所以在选择施药方式时，应少用或不用叶面喷雾法，可采用粉尘法或烟雾法。在选择施药时间时，应选择晴暖天气，且选在上午10点到下午3点之间，以保证夜幕来临前有一定的时间通风排湿。

（3）覆土。在灌水后，如果遇到阴冷天气，不适宜通风排湿，可以通过在土壤表面覆盖干土或者麦糠的方式，暂时阻缓地面水分的蒸发，从而避免空气湿度的增加。

（4）覆盖地膜。通过覆盖地膜的方式，防止地面水分蒸发到空气中，这种方式对于降低设施内空气湿度具有良好的效果。覆盖地膜时，切忌将地面全部覆盖，应采取行间或株间覆盖的方式，因为将地面全部覆盖之后，设施内的水汽不能被地面吸收，反而促使空气湿度加大，而且全部覆盖会阻止土壤气体的交换，不利于植物根部的呼吸。

2. 提高园地空气的湿度

空气湿度太低时也不利于园艺植物的生长发育，尤其是一些喜湿的园艺植物不适应干燥的气候条件，这时就需要采取一定的方式提高设施内的空气湿度。当植物不需要灌溉，又需要提高空气湿度时，可以采取以下两种方法。

（1）喷雾加湿。喷雾加湿是将水以喷雾形式喷洒到空气中，以提高空气湿度的一种加湿方法。喷雾加湿与喷雾灌溉的方式类似。不过，为了起到增加空气湿度，但不过多增加土壤水分的作用，应该将喷头的数量限制在一定范围内。目前，市面上喷雾器的种类很多，应该结合设施的具体情况进行选择。

（2）湿帘加湿。这种方法主要是用来降温的，同时可以起到增加空气湿度的作用。

第五节　气体因素及其调控

一、影响园艺植物生长发育的气体

气体也是影响园艺植物栽培的一个重要因素。气体的组成比较复杂，有些气体对园艺植物的生长发育起着积极的作用，是不可或缺的；有些气体对园艺植物的生长发育起着负面的作用，这些气体被统称为有害气体。所以，在本小节的论述中，笔者将分别针对有益气体与有害气体对园艺植物生长发育的影响展开论述。

（一）有益气体

1. 氧气

氧气是地球上诸多物种生存所不可或缺的。对植物来说，它们通过光合作用，吸收空气中的二氧化碳，释放出大量的氧气，所以植物又被称为氧气的"工厂"。从这个角度去看，植物不存在缺氧一说，但其实植物除了光合作用，还进行呼吸作用，而在呼吸作用中，氧气是必不可少的。以植物的根为例，根系呼吸需要氧气，如果出现土壤板结、水涝等危害，造成土壤层缺氧，植物根系则无法进行正常的呼吸作用，一旦持续较长时间，植物的根就会腐烂，继而造成植物的死亡。

2. 二氧化碳

就在大气中的含量而言，二氧化碳的平均含量远远低于氧气的含量，但它却是植物进行光合作用不可或缺的原料。实验表明，当其他因素不变

时，在一定范围内，随着空气中二氧化碳浓度的提高，植物进行光合作用的效率也随之提高，当提高到目前大气二氧化碳浓度的 5～8 倍时（不同种类的植物，其适宜浓度也有差异），植物进行光合作用的效率最高，能够产生并储存更多的有机物用于自身的生长发育。在自然条件下，园艺植物消耗的二氧化碳靠以下两种方式补充：一是靠空气的流动进行补充，二是靠土壤中微生物呼吸释放的二氧化碳补充。但这两种途径所补充的二氧化碳不能充分满足植物光合作用对二氧化碳的需求，而且在较为密闭的温室内，二氧化碳的浓度也会随着植物光合作用的消耗逐渐降低，所以需要采取一些人工方式补充设施内的二氧化碳。至于补充二氧化碳的措施，笔者将在下文做详细论述。

（二）有害气体

1. 二氧化硫

二氧化硫是一种较为常见、无色、有刺激性气味的硫氧化物，其产生多是由于含硫物质的燃烧。二氧化硫通过园艺植物叶子的气孔进入植物叶片内，通过一系列反应变成亚硫酸盐。虽然植物自身能够通过将亚硫酸盐转化为硫酸盐的方式降低硫化物对自身的危害（硫酸盐的毒性远远低于亚硫酸盐），但当亚硫酸盐含量过高，超出植物自身"解毒"能力时，亚硫酸盐便会在植物叶片内积累。亚硫酸盐对植物叶片的危害多出现在叶脉之间，形成的伤斑有呈点状的，也有呈条状的，伤斑颜色多呈黄色，但也有其他颜色，如桂花呈紫褐色，丁香则为红棕色。二氧化硫对园艺植物叶片产生危害后，还会对植物的生长与结果产生影响。例如，苹果树、桃树、梨树等，在受到二氧化硫危害后，不仅其生长速度会减缓，结果率也会降低，并且所结果实比正常情况下要小。二氧化硫除了直接影响植物的生长发育，还会产生间接的影响。比如，二氧化硫浓度过高时，降雨便会呈酸性，形成所谓的"酸雨"。酸雨不仅会影响土壤的理化性质，还会影响土壤中微生物的活性，进而影响植物的生长发育。

2. 氟化氢

氟化氢是一种无机酸，在常态下是一种无色、有刺激性气味的有毒气体，易溶于水形成氢氟酸。氟化氢在大气中的含量低于二氧化硫的含量，但其对园艺植物产生的危害却超过二氧化硫。氟化氢同样是通过植物叶片的气孔进入植物体内，但不会聚集在气孔附近，而是会转移到叶子的边缘，所以氟化氢对植物叶片造成的伤斑通常都是先出现在叶子的边缘，然后再逐渐向内发展。这是氟化氢与二氧化硫引起伤斑的区别之处：氟化氢引起的伤斑分布在叶子边缘，呈环状分布；而二氧化硫引起的伤斑分布在叶脉之间，呈点状或条状。在实践中，可以以此来判断是哪种气体对园艺植物造成了损害。氟化氢同样会对园艺植物的成长和结果产生影响。当植物受氟化氢危害时间较长时，可能会失去结果能力。

3. 氯气

氯气是一种黄绿色、有刺激性气味的剧毒气体。氯气进入园艺植物叶片后，对叶肉细胞会产生极大的危害，能快速破坏叶片内的叶绿素，使叶子褪色，甚至全部漂白脱落。氯气引起的伤斑分布在叶脉之间，呈点状或块状，这一点与二氧化硫引起的伤斑相似。但其危害程度却超过二氧化硫的危害。在等同浓度下，氯气对园艺植物产生的危害大约为二氧化硫产生危害的三倍。受氯气的影响，园艺植物的叶片不仅会褪色、漂白、脱落，其植株生长还会受到影响，如植株矮小，枝茎细等，并且其所结果实也比正常情况下小得多。

4. 二氧化氮

空气中氮化物的种类很多，其中二氧化氮对园艺植物的危害最大。二氧化氮是一种红棕色、有刺激性的氮氧化合物。二氧化氮对园艺植物产生的危害与上述气体不同，在叶脉之间和叶片边缘都会出现伤斑，伤斑颜色呈白色或棕色，伤斑形状多为不规则状。设施内氮的来源主要是氮肥，如果是露天园地，氮肥所产生的氨气会很快扩散到空气中，不会对植物造成损害；如果是在温室内，当经常施用氮肥后，温室内的二氧化氮含量便会在一系列的反应后逐渐增加，在积累到一定量后，便会对植物的生长发育产生影响。

上述有害气体在空气中普遍存在，当浓度控制在一定范围内，其对园艺植物的危害很小，只有当浓度超过一定量值后，才会对园艺植物的生长发育产生危害，所以在园艺植物的栽培中，要及时调控设施内有害气体的含量，从而降低甚至避免有害气体对园艺植物的危害。

二、设施内气体的调控

（一）设施内有益气体的调控

氧气和二氧化碳是有益气体。通常情况下，植物通过光合作用可以产生大量氧气，所有设施内不会缺少氧气，因此对设施内有益气体的调控主要针对二氧化碳。由于设施内二氧化碳的含量普遍低于园艺植物生长所需量，所以对设施内二氧化碳含量的调控主要以增幅为主。

1. 二氧化碳浓度的测定

增加设施内二氧化碳的含量，是为了使设施内二氧化碳的浓度达到园艺植物生长所需的最适宜量，当二氧化碳浓度超过这个量后，增产的效果不明显，反而会造成浪费，因此需要对设施内二氧化碳的浓度进行测定，从而确定要施加的量。目前，测定设施内二氧化碳浓度常用的方法有以下几种。

（1）检测剂测定：通过将检测剂测定的结果与对应的表格对照比较，得出二氧化碳的浓度。

（2）电导率法：此方法是利用二氧化碳与苛性钠发生反应时，电导率会发生变化，从而计算出二氧化碳的浓度。

（3）光折射法：光在不同的气体以及不同浓度的气体中，其折射率也不同，这种方法就是利用这一原理，通过读取空气与二氧化碳的折射率之差，计算出二氧化碳的浓度。

（4）红外线二氧化碳分析仪：不同气体在波长为 $1.5 \sim 2.5~\mu m$ 的红外线光谱范围内，有着固定的吸收光谱，并且其吸收量与气体的浓度成正比。红外线二氧化碳分析仪正是利用这一原理制成，能够准确测出二氧化碳的浓度。

在上述几种方法中，前三种方法的成本低廉，但准确性较低，而且比较费事；第四种方法测得的结果准确性高，而且操作起来简单，缺点是设备价格较高。

2. 二氧化碳的施用时间

在一天的时间范围内，二氧化碳施用的时间应该选择日出后的 1 h，并在通风换气前 30 min 停止。在一年的时间范围内，由于春、夏、秋温度较高，通风时间较长，所以施用二氧化碳的时间应该短一些，每天控制在

2～3 h为宜；而冬季温度较低，通风时间较少，所以施用二氧化碳的时间可以适当延长。此外，施用二氧化碳时还需要考虑光照因素，因为光照也是影响光合作用的一个重要因素。在缺少光照条件下，二氧化碳浓度的提高对光合作用效率的提高非常有限，所以二氧化碳的施用适宜选在晴天，阴天不施用。

3.二氧化碳施用的方法

（1）通风换气。通风是调控设施内二氧化碳浓度最常用的一种方法，因为随着设施内二氧化碳的消耗，设施外二氧化碳的浓度会高于设施内，所以通过通风换气的方式，可以使设施外的二氧化碳进到设施内，从而提高设施内二氧化碳的浓度。这种方法操作起来非常简单，而且没有任何成本，但由于大气中二氧化碳的浓度不高，不能充分满足园艺植物生长的需求，所以在采取通风换气这一方法的基础上，在有必要的时候，可以采取下述方法进一步提高设施内二氧化碳的含量。

（2）施用有机肥。有机肥在分解时会释放大量的二氧化碳，所以通过施用有机肥的方式，可以有效提升设施内二氧化碳的浓度。有机肥来源很广，且价格较为低廉，是目前增加设施内二氧化碳含量应用较多的方法之一。这一方法也有不足之处，就是二氧化碳释放的量比较平稳，不能在植物光合作用最强的时段大量放出，从而导致其增产效果受到了限制。

（3）运用二氧化碳发生器。在二氧化碳发生器出现之前，人们通常采用燃烧秸秆的方式增加设施内二氧化碳的浓度，虽然这种方法能够起到增加二氧化碳含量的作用，但产生了一氧化碳、二氧化氮、二氧化硫等有害气体，对设施内园艺植物的生长产生不良的影响。而二氧化碳发生器主要通过燃烧天然气、石蜡等碳氢化合物来释放二氧化碳，这些碳氢化合物燃烧后的产物含硫量非常低，一般要求含硫量低于0.05%，从而避免了有害气体的大量产生与聚积。这种方法对环境造成的污染较小，并且利用方便，能够根据植物的需求随时施用二氧化碳，缺点是设备以及燃料的成本比较高。

（二）设施内有害气体的调控

1.通风换气

采取通风换气的方式，不仅能够调控设施内二氧化碳的浓度，还可以排除设施内聚积的有害气体。在冬季寒冷季节，可以选择在气温最高的时

段通风换气，即便是遇到阴雪天气，也应该适当通风，不能连续几天不通风换气。目前，常见的通风措施有自然通风与强制通风两种。自然通风没有成本，只需要打开通风口即可；强制通风则是利用一些机电设备，通风效果较好，且不受外界环境影响，但需要设备。

2. 平衡施肥

氮肥施用过多是导致设施内二氧化氮含量增加的主要原因，所以为了避免这一情况的发生，可以采取平衡施肥的方式，即控制氮肥的施用量，增施有机肥，这样不仅能够控制设施内二氧化氮含量的增加，还能够增加设施内二氧化碳的含量，一举两得。施加有机肥时，切忌施加未经处理的牲畜粪便，因为在牲畜粪便中含有病原菌、害虫卵、杂草种子等，如果不经过无害化处理，容易引入病菌，从而危害植物的生长。

3. 合理使用农药

农药的不合理使用会导致设施内有害气体含量的增加，但园艺植物发生病虫害后，必须依靠农药才能够解决，所以使用农药是无可非议的。但为了避免因农药的使用而导致设施内有害气体含量的增加，就需要科学、合理地使用农药，如农药的浓度不能过大，不能将两种或两种以上的农药随意混用，采取更加科学的喷洒方式等。

4. 补救措施

当发现设施内园艺植物遭受有害气体危害之后，除了通风换气，还可以采取一些补救措施，将危害降到最低。比如，当遭受二氧化氮、二氧化硫危害时，可以采取喷洒石灰水的方式，并在自然通风的基础上采取强制通风的方式，从而减轻危害。

第三章 园艺植物的育种研究

第一节　园艺植物育种简述

一、园艺植物育种的概念

园艺植物育种又被称为品种改良，是指通过一系列的手段改变植物的遗传特征，从而培育出优良植物品种的技术方法。具体而言，园艺植物育种是一门研究选育新品种方法、保持优良种苗种性，提高优质种苗生产技术，实现优质种苗的科学加工、安全储运和足量供应的综合性科学。园艺植物育种涉及的范围非常广泛，它是以遗传学为理论基础，综合了生理、生化、生态、病理、细胞学、生物统计等多种学科知识，对园艺植物栽培以及整个种植都具有十分重要的意义。

园艺植物育种的方法通常分为常规技术与新技术两类，常规技术有引种、选择育种、常规杂交育种、优势杂交育种等；新技术有单倍体育种、多倍体育种、诱变育种、基因工程育种、分子标记辅助育种等。

二、园艺植物优良品种的选择

园艺植物育种的任务就是实现品种改良，所以育种之后如何选择优良的品种至关重要。在选择园艺植物优良品种时，可参考以下两个指标：一是是否达到了园艺植物育种的具体目标，如高产、高品质、抗逆性与抗病虫害性较强；二是是否具有优良品种所具有的普遍特征。关于园艺植物育种的具体目标，笔者在下文会做详细的介绍，在此仅针对园艺植物优良品种所具有的普遍特征做简要阐述。

通常情况下，作为一个优良品种，必须具备以下特征。

（1）一致性：在实践栽培中，要求该品种园艺植物间的差异性较小，各个体之间在生物学特征以及经济性状上保持相对整齐的一致性。当然，对不同的园艺植物，由于其功能不同，所以对整齐性的要求自然存在差别。比如，对于某些观赏类的花卉植物，在保持主要特征的基础上，应做到花色的多样化，这样能提升其观赏价值。

（2）稳定性：在实践栽培中，要求该品种园艺植物的生物学特征和经济性状具有较强的稳定性，经过反复地繁殖后，其相关特征保持不变。例如，某些通过杂交得到的园艺植物，在采用扦插、嫁接、压条等无性繁殖的方法时，能够保证前后代遗传的稳定连续。

需要注意的是，品种的优良性具有时间性与地区性的特点。时间性是指在一定时期内，该品种表现出优良的特征，适合园艺栽培，满足市场需求，但随着时间的推移，必然会出现更加符合人们需求的新品种代替原来的品种，这时，该品种便不再是优良品种。而地区性是指该品种在适宜的生态环境下能够表现出优良的特征，如果引种到不适宜的地区，自然不会有好的结果。当然，虽然没有一个品种能够适应所有的地区，但适应性也有宽有窄，适应性越宽，证明其品质越优良。

三、园艺植物育种的具体目标

（一）提高产量

提高产量是园艺植物育种的基本要求，也是最基本的目标。广义的产量既包括生物产量，又包括经济产量。生物产量是指单位面积内园艺植物光合作用的总量，经济产量则指园艺植物所产生的经济价值，二者的比值叫作经济系数。经济系数在一定程度上可以作为育种选择的一个衡量指标，即经济系数高的为优良品种，经济系数低的为劣质品种。当然，经济系数只适合作为同一种类园艺植物育种选择的指标，因为不同种类的园艺植物，其经济系数差别很大。比如，观赏类的园艺植物，因为其整个植株都具有经济价值，所有其经济系数很高，甚至达到100%，但蔬菜、水果类的园艺植物，因为只有可食用部分产生经济价值，所以经济系数整体偏低。

综合来看，园艺植物的产量受多种因素的影响，其中株型与植物的光合利用率是两个主要因素。在园艺植物的育种中，应综合考虑这些因素，从而培育出高产量的植物种子。

1.合理的株型

合理的株型有助于植物获得更充分的光照，也有助于通风条件的改善，这是高产量园艺植物必备的基础特征。虽然不同种类的园艺植物其株型有差异，但大多涉及株高、茎粗、根长、支根数、根冠比、有效分枝数等几个方面。此外，植株抗倒伏的能力也影响着植株的产量，而植物的倒伏系数与株型有着紧密的联系，株型合理，植株抗倒伏的能力强，才能为高产提供保证。因此，在园艺植物的育种中，改善株型是一个研究的方向。例如，超量表达甘蓝型油菜及其亲本物种的MYB43在改善植物株型及提高产量中的应用，使甘蓝型油菜根系变发达，根系更长，支根数更多，根冠比增加，植株略变高，茎秆变粗，单株有效分枝数增加，单株有效角果数增加，单株籽粒产量增加，抗折力和抗倒性也显著增强。

2. 光合的利用率

植物通过光合作用将水和二氧化碳转化为有机物。所以，提高园艺植物光合作用的效率，能够有效提高园艺植物的产量。2016 年，《科学》杂志发表了一份 RIPE 项目（RIPE 项目主要目标是通过工程改良提高主要农作物光合作用光能利用效率，进而提高作物产量潜力）研究团队的工作进展，表明该途径可以有效提高 20% 的作物产量，这与传统育种中每年仅有 1%～2% 的产量增加相比是一个巨大进步，不过，要有效运用到改良的作物中一般需要 15 年左右的时间。[1] 光合作用是一个复杂的代谢反应，要改善园艺植物的光合作用非常困难，但通过改良品种提高植物的光合作用无疑是一个重要的发展趋势，值得研究人员做进一步的研究。

（二）改良品质

随着生活质量的不断改善，人们对生活的追求也在不断提高，这进一步促使了人们对园艺植物品质的追求。在现代园艺植物栽培中，品质的提升显得越来越重要。虽然随着农业技术的不断发展，园艺植物的品质有了较为明显的提升，但为了满足人们对生活日益增长的需求，园艺植物品质的提升应该成为一个永恒的话题，不断寻求突破，不断追求品质的提高。因此，在园艺植物育种研究中，不仅要注重产量的提高，还要注重品质的改良。根据园艺植物的用途和利用方式，园艺植物的品质主要包括营养品质和感官品质两个方面。

1. 营养品质

园艺植物的营养品质主要是针对蔬菜和水果类园艺植物而言。人类的健康需要充足的营养物质，而水果和蔬菜是人类摄入营养物质的重要来源。的确，水果和蔬菜能够为人体提供必要的营养物质，如矿物质、多种维生素、纤维素等。园艺植物营养品质的改良就是要提高水果、蔬菜类园艺植物的营养价值，从而更好地满足人们对营养物质的需求。此外，有些蔬菜和水

---

[1] 吴跃伟. 科学家改良光合效率制造超级作物 [J]. 食品开发，2017（5）：70-71.

果还含有一些有害物质，如芥子苷、丹宁类，虽然这些果蔬中有害物质的含量非常低，但如果人们大量食用或长期食用，就会对人体健康造成危害，所以果蔬类园艺植物营养品质的改良还应该朝着降低乃至消除有害物质这一目标努力。

2. 感官品质

感官包括人的视觉、味觉、嗅觉、听觉和触觉，所以感官品质涉及的范围也非常广泛，涵盖园艺植物的各个种类。就观赏类园艺植物而言，主要涉及嗅觉和视觉。其中视觉有关的外观评价尤为重要，具体表现为株型、花型、花色、叶型、叶色等方面；而嗅觉有关的评价则主要表现为花香。以菊花为例，花型有圆球、莲座、细叶飞舞等多种形态，花色有淡雅和艳丽之分，花香有浓、淡之别。从某种意义上来说，观赏类园艺植物的感官品质受主观因素影响较大，不同的人有不同的偏好，所以观赏类园艺植物品质的改良无优劣之分，只有偏重之别，即使某一批观赏类的园艺植物偏向哪一方面的性状。

就果蔬类的园艺植物而言，口感也因人而异，但色彩、大小、性状等却有着较为统一的感官体验。比如，水果中的苹果，颜色美观、果型扁圆、大小适中、口感较甜的品质更受人喜爱；蔬菜中的黄瓜，长度适中、瓜条顺直、刺白且密往往受人们的喜爱。因此，对果蔬类园艺植物来说，应通过育种选择，朝更受人们喜爱的方向改良其感官品质。

（三）增强抗病虫性

病虫害会对园艺植物产量和品质产生严重的影响，是园艺栽培中的一大障碍。目前，防治病虫害最普遍的措施是喷洒农药，虽然喷洒农药的效果非常显著，但对环境以及园艺植物会造成一定程度的影响，所以通过改良园艺植物品质，增强园艺植物的抗病虫性，是园艺植物品质改良研究的一个主要目标。当然，由于病虫害的种类非常之多，很难培育出一种能够抵抗所有病虫害的产品，所以抗病虫害的育种研究应该抓住主要矛盾，即针对某些地区或某些品种容易发生的病虫害进行研究。以黄瓜为例，比较普遍且严重的病害有黑星病、霜霉病、细菌性角斑病等，所以可以针对这些病害做抗性育种研究。此外，增强园艺植物的抗病虫害性并不是杜绝了病虫害的发生，而是能够将其控制在一个阈值下，同时不影响产品的产量与品质，即视为达到了要求与目标。

（四）增强抗逆性

抗逆性是指园艺植物具有的抵抗不良环境的某些性质，如抗旱、抗寒、抗盐等。在园艺植物的栽培中，为了提高产量与品质，常常会通过种种措施去调控环境条件，从而为园艺植物营造最为适宜的生长环境。关于这一点，笔者在第二章已经做了详细的论述。在园艺植物的栽培中，调控植物生长的环境条件，是保证园艺植物高产的关键，但如果能够提高园艺植物的抗逆性，增强其对环境的适应能力，将会省去很多环境调控措施，这无疑能够提高园艺栽培的效率。因此，增强园艺植物抗逆性也是育种的一个重要目标。目前，国内已经有一些抗逆性育种的成功案例，如大白菜中耐寒性较好的"黄芽14-1"、耐热性好的"淮北1号"、强冬性耐抽薹新品种"黄点心2号"等。

第二节 园艺植物的种质资源分析

一、种质资源的概念及其重要性

（一）种质资源的概念

种质，也叫遗传质，有时又称基因，是生物体亲代传递给子代的遗传物质。而以种为单位的群体内的全部种质便构成了种质库。比如，所有番茄个体的种质，构成了番茄的种质库，也就是所有番茄体内种质的总和。由于很多物种不是分布在某一特定的地方，而是分布在全国乃至全球各地，所以每个国家或地区不可能拥有所有的种质，只可能拥有其中的一部分。

在植物遗传育种领域把具有一定种质或基因的所有的生物类型（原始材料）统称为种质资源，包括小到具有植物遗传全能性的细胞、组织和器官以及染色体的片断（基因），大到不同科、属、种、品种的个体。所以，也可将种质资源称为遗传资源、基因资源，在育种工作中也常把种质资源称为育种资源。

种质资源是育种的原始材料，为新品种的培育以及品质的改良提供了物质基础。由此可见，育种研究离不开种质资源工作，而种质资源工作包括收集、保存、研究和利用，工作的原则是广泛收集、严格保存、深入研究、

充分利用，从而为育种研究工作提供基础支撑。

（二）种质资源的重要性

种质资源是改良植物品种的基础，没有丰富多样的种质资源，就很难培育出良好的品种，这已经成为育种工作者的共识。随着育种技术的不断发展与突破，越来越多的种质资源被发掘出来，并被应用到育种研究中，从而培育出了更加适合现代园艺栽培的新品种。

现代育种是以人类的需求为方向，培育出能够广泛应用到园艺栽培中的植物品种，这极大提高了园艺栽培的效益。但在园艺植物栽培品种化的进程中，品种化的栽培虽然满足了生产需求，提高了品种的产量与品质，但是栽培的品种的基因型越来越单一，导致园艺植物的遗传基础在逐渐变窄。其危害便是，当环境条件发生变化后，或者新的病虫害流行，将会对这些品种造成巨大的影响。例如，20世纪中叶，美国曾先后暴发栗疫病、大豆孢囊线虫病，对栗和大豆造成了严重的影响，后来从中国引入了抗原华栗和北京小黑豆，这些病虫害才得到了有效的控制。

在育种研究中，我们必须看到单一基因代替多样基因的负面效应，在考虑园艺植物栽培效益的同时，要考虑到种质资源的多样性，因为种质资源的消失，或许不会立刻造成危害，但当其造成危害的时候，其后果也许无法用金钱衡量，更有可能是毁灭性的。当然，这并不是说要拒绝育种研究，育种研究对人类的发展与进步起着重要的作用，但要避免"取一弃多"。每一位育种研究者都要遵守一条准则，即在进行育种研究的基础上，做好种质资源的保护工作，这样才能充分发挥种质资源的作用，并为推动人类与生态环境的和谐共处贡献一份力量。

二、种质资源的分类

在本书第一章笔者就种质资源的分类做了简要介绍，将其归为本地种质资源、外地种质资源、野生种质资源和人工种质资源。在本节中，笔者遵循此种分类方法，就不同种类的种质资源做进一步的分析。

（一）本地种质资源

本地种质资源是指原产于本地或长期在本地栽种的品种，其特点是对本地环境具有较强的抗性。本地种质资源容易获得，是育种工作最基础的材料。本地种质资源一般包括地方品种、主栽品种和过时品种。

1. 地方品种

地方品种指那些没有经过现代育种技术改良过的品种。此类种质资源由于不符合市场需求，所以被优良品种取代。虽然从市场角度来看，地方品种不适合栽培，但地方品种也具有一些优良的特质，如非常适应当地的生态环境，对某些病虫害具有极强的抗性等。因此，育种者非常重视对地方品种的收集和保存。

2. 主栽品种

主栽品种是指通过现代育种技术培育而成，在当地大范围栽培的品种。主栽品种既包括在当地育种而成的，又包括从外地引种而成的，它们具有良好的农业性状、植物学性状以及经济性状，也是育种的重要材料。以陕西桃树栽植为例，"秦桃2号"（见图3-1）便是桃类中的一种主栽品种，它是由中晚熟油桃"秦光2号"和新西兰的黄肉桃通过有性杂交得到的，不仅继承了父本和母本的一些优点，还有自己独特的优点。

图3-1 "秦桃2号"

3. 过时品种

随着新品种的不断出现及其对市场需求的满足，一些过去的主栽品种被逐渐淘汰，这些被淘汰的曾经的主栽品种被称为过时品种。虽然过时品种不再满足当下的市场需求，但这些品种仍旧被当作育种研究的重要材料保存了下来。

（二）外地种质资源

外地种质资源是指从其他地区或国家引进的种质资源。由于来自不同的地区，生存在不同的生态环境中，这些外地引进的种质资源往往具有不同的性状，其中的某些性质是本地种质资源所不具备的，能够起到丰富本地种质资源的作用，是改善本地品种的重要材料。由于植物具有对环境的适应性，所以当外地种质资源引入后，其可能会发生性状上的变异，但无论变异与否，都是育种的重要材料。育种的方向一般有两个：一是直接利用，即进行试种后，如果满足市场需求，便可直接用于生产；二是不能直接利用，便将其作为杂交育种的材料，用以丰富本地品种的遗传基础。

（三）野生种质资源

野生种质资源是指在野外自然条件下形成的种质资源。它们经过了长期的自然选择，生活在特定的自然环境下，虽然没有直接利用的价值，但通过驯化或与其他品种杂交，也可能得到新的栽培品种，所以具有很大的开发价值。另外野生种质资源的量很大，如我国的野生蔬菜就有将近两千个品种，所以野生种质资源也是育种研究的重要材料。尤其是，很多野生种质资源具有主栽品种所缺少的某些重要特质，这些特质如果能够有效地融入栽培品种中，将能够实现栽培品种的进一步优化。因此，对野生种质资源的考察、收集、研究至关重要。

（四）人工种质资源

人工种质资源是指通过现代育种技术得到的种质资源。随着社会的不断发展与育种技术的不断提高，为了更好满足人类的需求，人工种质资源应运而生。相较于自然种质资源，人工种质资源无疑更加符合市场的需求，所以目前园艺栽培中的品种大多都来自人工种质资源。当然，人工种质资源并非全是优质资源，有些通过人工培育出的种质资源虽然不符合需求，但由于它们具有明显优于一般品种的专长性状，所以可以作为优质资源的中间材料。总之，无论是优质的人工种质资源，还是非优质的人工种质资源，都应该作为育种材料被保存下来。

三、种质资源的搜集、整理与保存

（一）种质资源的搜集

为了给育种研究提供更多的种质材料，也为了保存植物的多样性，种质资源工作必不可少，而搜集种质资源无疑是首要任务。

1. 制定计划

即便是一个地区，种质资源的种类也非常之多，要完成大范围内的种质资源搜集工作需要大量的人力、物力和财力，所以搜集工作不能盲目进行，要制定相应的计划，才能更有效地完成搜集工作。计划的制定包括目的、要求、内容、方法、步骤。在制定计划之前，可以先查阅相关的资料，或通过通信联系的方式进行初步的调查摸底，了解要搜集种质资源所在地的情况，以便使制定的计划更加科学和具体。

2. 搜集与取样

在制定了详细的计划之后，便可以按照计划开始种质资源的搜集工作。因为很多地区的资源机构或育种单位保存了大量的种质资源，所以搜集工作可以从这里开始。相对来说，栽培品种的种质资源搜集较为简单，因为搜集的目的是求全，所以不能只搜集主栽品种，要搜集一切能够搜集到的种质资源。

当完成针对相关机构的种质资源搜集后，便可以到野外进行考察和搜集。野外种质资源的搜集追求样本的多样性，所以野外考察路线的制定应该考虑途经不同的生态地区，这样才有可能搜集到性状不同的品种。取样是搜集工作的重要一步，由于受植物生物学特征的影响，有时取样比较耗时费力，如地下根茎类植物，由于其营养繁殖体埋在地下，需要将其挖出才能知道其变异情况，了解其性状，所以为取样工作带来了困难。遇到取样较困难的情况，一般情况下可以考虑生态环境的变化情况，因为植物的性状受生态环境的影响，如果生态环境变化不大，植物的性状也很可能差异不大，所以取样点不必过密，以避免出现不必要的重复。

（二）种质资源的记录与整理

1. 记录

种质资源的搜集须做到细致、全面，同时要做好记录工作，避免出现错误、遗漏与重复。为保证信息的准确，记录内容应该包括以下几方面。

（1）搜集的场所。要记录下种质资源搜集的场所，如果是某个机构，可按照行政区划分进行记录；如果是野外搜集到种质资源，可以最近城镇的

方向和距离表明搜集地的地理位置，同时记录下经纬度、海拔高度以及生态环境特点。

（2）种质资源的信息。种质资源信息的记录包括资源的来源（机构、野外、园地等）、类别（本地品种、外地品种、野生品种、人工品种）、名称（学名、别名、地方名）、用途（食用、观赏、药用）、性状（根、茎、叶等器官的特点，可结合照片进行文字叙述）、编号（如果是从机构中搜集到的，需要在记录原有编号的基础上重新编号）。

（3）其他信息。其他信息依具体情况而定。

2. 整理

因为信息的记录受搜集时间先后的影响，所以比较散乱，因此在搜集工作结束之后，需要对记录的信息进行系统的整理。整理的方法可以按照国家种质资源库的系统进行分类，也可以按照育种者自己的习惯进行分类，没有硬性要求。整理工作是非常有必要的，尤其随着计算机技术的不断发展，整理并建立种质资源信息库，将大大提高种质资源管理的效率，也将提升种质资源的利用效率。

（三）种质资源的保存

种质资源的保存就是将种质资源放置到适宜的自然环境或人工创造的环境中保存，以使种质资源能够维持原有的遗传特征，防止种质资源消失，并便于研究和利用。目前，常用的保存方法有种植保存、种子贮藏保存、离体保存、基因文库保存。

1. 种植保存

种植保存是指每隔一段时间将种质材料种植一次，这样既可以保持种质资源的活力，又可以通过种植补充种质资源的数量。种植保存主要用于无性繁殖的园艺植物，保存方法一般分为就地保存和移地保存。就地保存就是将种质资源种植在原产地，然后通过保护种植地的生态环境的方式防止种质资源被破坏。移地保存就是将种质资源种植到特定的保护地，如植物园、种质资源圃等，从而达到保存的目的。移地保存一般针对种质资源原产地生态环境变化较大，已不适宜植株的生长和繁殖，所以需要将其迁移到更加适宜种植的场所。例如，我国目前已建有32个国家级作物种质资源圃，用以保存多年生无性繁殖作物的种质资源（见表3-1）。

表 3-1 国家级作物种质资源圃保存多年生无性繁殖作物种质资源份数及种类

序号	种质圃名称	面积/亩	作物	保存份数	保存的种、变种及近缘野生种
1	国家种质广州野生稻圃	6.7	野生稻	4 300	21 个种
2	国家种质南宁野生稻圃	6.3	野生稻	4 633	17 个种
3	国家种质广州甘薯圃	30	甘薯	950	1 个种
4	国家种质武昌野生花生圃	5.2	野生花生	103	22 个种
5	国家种质武汉水生蔬菜圃	75	水生蔬菜	1 276	28 个种 3 个变种
6	国家种质杭州茶树圃	63	茶树	2 527	17 个种 5 个变种
7	国家种质镇江桑树圃	87	桑树	1 757	11 个种 3 个变种
8	国家种质沅江苎麻圃	30	苎麻	1 303	16 个种 7 个变种
9	国家果树种质兴城梨、苹果圃	196	梨	731	14 个种
		180	苹果	703	23 个种
10	国家果树种质郑州葡萄、桃圃	30	葡萄	916	17 个种 3 个变种
		40	桃	510	11 个种
11	国家果树种质重庆柑桔圃	240	柑桔	1 041	22 个种
12	国家果树种质泰安核桃、板栗圃	73	核桃	73	10 个种
			板栗	120	5 个种 2 个变种
13	国家果树种质南京桃、草莓圃	60	桃	600	4 个种 3 个变种
		20	草莓	160	4 个种
14	国家果树种质新疆名特果树及砧木圃	230	新疆名特果树及砧木	648	(未报)
15	国家果树种质云南特有果树及砧木圃	120	云南特有果树及砧木	800	98 个种
16	国家果树种质眉县柿圃	46	柿	784	5 个种
17	国家果树种质太谷枣、葡萄圃	126	枣	456	2 个种 3 个变种
		20.61	葡萄	361	4 个种 1 个野生种
18	国家果树种质武昌砂梨圃	50	砂梨	522	3 个种（含 2 个野生，1 个半野生）
19	国家果树种质公主岭寒地果树圃	105	寒地果树	855	57 个种

续 表

序 号	种质圃名称	面积/亩	作 物	保存份数	保存的种、变种及近缘野生种
20	国家果树种质广州荔枝、香蕉圃	80	荔枝	130	3个种（含1个野生，1个半野生）
21	国家果树种质福州龙眼、枇杷圃	32.33	龙眼	236	3个种1个变种
		21	枇杷	251	3个种1个变种
22	国家果树种质北京桃、草莓圃	25	桃	250	5个种5个变种
		10	草莓	284	6个种
23	国家果树种质熊岳李、杏圃	160	杏	600	9个种11个变种
			李	500	
24	国家果树种质沈阳山楂圃	10	山楂	170	8个种2个变种
25	中国农科院左家山葡萄圃	3	山葡萄	380	1个种
26	国家种质多年生牧草圃	10	多年生牧草	2 454	265个种
27	国家种质开远甘蔗圃	30	甘蔗	1 718	16个种
28	国家种质徐州甘薯试管苗库	118.7（m²）	甘薯	1 400	2个种15个近缘种
29	国家种质克山马铃薯试管苗库	100（m²）	马铃薯	900	2个种3个亚种
30	中国热带农科院橡胶热作种质圃	313.2	橡胶	6 900	6个种1个变种
		337.8	热作	584	20多个种
31	中国农科院海南野生棉种质圃	6	野生棉	460	41个种
32	中国农科院多年生小麦野生近缘植物圃	8	小麦近缘植物	1 798	181个种18个亚种（变种）
	合计	2 896亩 219 m²		45 338	1 026个种（亚种）

注：1亩≈666.67 m²。

2.种子贮藏保存

对有性繁殖的园艺植物来说，因为其种子具有繁殖能力，所以可以通过贮藏种子的方法来保存种子资源。相对来说，种子容易采集，也易于运输、储存，所以种子贮藏是有性繁殖类园艺植物最简便，也是应用最普遍的一种种质资源保存方法。种子的寿命因种类的不同有差异，同时受温度、湿度、气体等外在因素的影响。实验表明，干燥、低温、缺氧能有效抑制种子的呼吸作用，从而起到延长种子寿命的作用。因此，种子贮藏需要严格控制好温度、湿度、气体等环境条件。

根据种子保存的时间，一般将种质库分为短期、中期和长期三种类型。

（1）短期库。短期库种子的保存时间一般为 5 年左右，多由育种工作者或地方性大学建立，用于种质资源的临时贮存与研究。保存温度在 10～15℃之间，相对湿度保持在 50%～60%。

（2）中期库。中期库种子的保存时间一般为 10～20 年，多由综合性大学或者省级主管部门建立，其任务除贮存种子外，还负责定期的繁衍工作，并为育种专家提供研究的材料。种质库温度维持在 0～10℃，相对湿度要求在 60% 以下。

（3）长期库。长期库一般由国家相关部门建立，与短期库和中期库不同，长期库一般不分发种子，只进行种质资源的贮存，只有在特殊情况下才进行繁衍工作，以保证遗传的完整性。长期库的温度维持在 –20～–10℃，相对湿度控制在 50% 以下，一般植物种子可保存 50 年以上。

3. 离体保存

有些植物体不能产生种子，且无法长期保存其无性繁殖器官，所以便需要用离体保存的方式，即用试管保存其组织或细胞培养物。可用作离体保存的组织或细胞培养物有悬浮细胞、愈伤组织、花药、花粉、原生质体、体细胞、组织块等。离体保存的技术含量很高，需要由专门的管理机构和人员负责，所以此种方法目前只针对一些比较珍贵的种质资源。目前，种质资源的离体保存通常采用以下两种方法。

（1）缓慢生长保存。缓慢生长保存就是通过改变培养条件，使保存材料的细胞生长降低到最小限度，但不至死亡，从而延长继代间隔时间。例如，如果将甘薯腋芽的培养温度从 28℃降低到 22℃，继代间隔便可以从 6 周延长到 55 周。因为是通过改变培养条件的方式实现对组织的生长抑制，所以也可以通过调回培养条件的方式使组织恢复生长。由于此法需要使用化学抑制剂，再加上其他激素类物质的影响，不排除缓慢生长保存后的植株发生遗传变异的可能。例如，艾鹏飞等在培养基中附加 1.0 mg/L 的 PP_{333} 对柿和君迁子进行保存，再生植株 RAPD 扩增谱带中，个别品种有新的扩增谱带出现，发生了一定的变异。[①] 因此，对种质资源进行缓慢生长保存后，对其遗传稳定性做检测和分析是非常有必要的。

---

① 艾鹏飞，罗正荣. 柿和君迁子试管苗缓慢生长法保存及其遗传稳定性研究[J]. 园艺学报，2004（4）：441-446.

（2）超低温保存。由于植物组织或细胞比种子脆弱得多，所以需要更低的温度来保存。超低温保存就是将植物组织或细胞置于干冰（-79℃）、气态氮（-140℃）、液态氮（-196℃）中进行保存的一种方法。由于在超低温度下，植物细胞的代谢几乎停止，所以可以延缓甚至防止细胞的衰老，而且由于不需多次继代培养，可抑制细胞分裂及DNA的合成，细胞不会发生遗传变异，保证了种质资源遗传的稳定性。目前，超低温保存有悬浮培养细胞和愈伤组织超低温保存、生长点超低温保存、体细胞胚和花粉胚的超低温保存以及原生质体超低温保存四种方法。

4.基因文库保存

基因文库保存是利用人工方法，从植物中获取DNA，然后用限制性内切酶将DNA切成许多片段并与载体连接，再导入大肠杆菌或酵母中繁殖，使生物体内所有基因都得到保存。基因文库保存是20世纪末出现的保存种质资源的方法。当需要某个基因时，通过一定方法进行提取。这种保存方法既可以长期保存该物种的遗传资源，又可以通过反复培养繁殖、筛选，获得各种基因。

第三节 园艺植物育种的新技术

一、植物基因工程与育种

（一）基因工程的概念

基因工程又称基因拼接技术和DNA重组技术，是以分子遗传学为理论基础，以分子生物学和微生物学的现代方法为手段，将不同来源的基因按预先设计的蓝图，在体外构建杂种DNA分子，然后导入活细胞，以改变生物原有的遗传特性、获得新品种、生产新产品的遗传技术。基因工程开始于20世纪70年代，是随DNA重组技术的发展而产生的一门新技术。基因工程在植物遗传改良中的应用，解决了传统手段中存在的一些问题，已逐渐发展成为一种新的植物遗传改良技术。虽然基因工程在植物遗传改良的实践应用中仍旧存在一些问题，但其所具有的价值受到越来越多人的重视。

（二）植物基因工程的步骤

1. 目的基因的分离克隆

园艺植物具有非常庞大的基因组，其 DNA 总数高达 5×10^9 kb，要将人类所需要的基因从如此庞大的基因组中分离出来可谓难如登天。不过，随着 PCR 技术、基因组消减技术和转座子示踪技术等分子生物学技术的发展，目的基因的分离成为可能。高等生物基因的分离克隆主要采用以下策略：①以已知序列的同源基因为基础的基因克隆分离；②以蛋白为基础的基因克隆分离；③组织发育特异基因的分离克隆；④依据基因图谱克隆（定位克隆）；⑤基于 DNA 标签克隆。

2. 目的基因转化载体的构建

将目的基因分离出来之后，还需要对其进行修饰，才能运用到园艺植物基因工程中。转化载体的构建过程就是修饰的过程。表达载体的构建就是在目的基因中的 5' 端上加入启动子，在 3' 端上加入终止子，从而使其能够在受体植物中有效地表达。此外，还需要加入选择标记基因，以便能够有效选择转化的细胞组织。目前，表达载体中可供使用的启动子很多，应根据研究目的的不同确定不同的启动子。如需要目的基因在特定的时间内表达，应选择诱导型启动子；如果需要目的基因在植物的各个部位、各个时期表达，应选择组成型启动子。

3. 目的基因的导入

对目的基因进行修饰之后，便可以将目的基因转入受体材料中。为了使目的基因的优良性状在受体材料中有效地表达，有两点需要考虑：一是受体材料，二是目的基因的导入方法。

（1）目的基因导入的受体材料。目的基因和受体是园艺植物转基因操作中的两个关键材料，只对目的基因进行修饰，而不建立稳定、高效的受体系统，不利于植物转基因操作的顺利完成，所以对受体材料的研究不可或缺。通常情况下，良好的受体系统应具有以下特点：第一，具有稳定且高效的再生能力；第二，具有较高的遗传稳定性；第三，受体材料易于得到，且能够大量地供应；第四，对筛选剂敏感，即当转化体筛选培养基中筛选剂浓度达到一定值时，能够抑制非转化植株的生长、发育和分化，而转化细胞、植株能正常生长、发育和分化形成完整的植株。常用的受体材料有愈伤组织再生系统、原生质体再生系统、直接分化再生系统、胚状体再生系统和生殖细胞受体系统。

（2）目的基因的导入方法。将目的基因导入受体材料中的方法分为两大类：一种是直接导入法，另一种是以载体为媒介的载体法。

①直接导入法。直接导入法就是将目的基因直接导入受体材料中，目前常使用的方法有基因枪法、电击法和化学刺激法等方法。

②载体法。相对于直接导入法，载体法的应用更为普遍。其基本原理就是将目的基因导入载体系统中，然后将载体导入植物细胞并整合在核染色体中，最后随着核染色体一起进行复制和表达。目前，常用的具体方法有真空渗入法、叶盘法和原生质体共培养法。

4. 转基因植物的鉴定

目的基因导入受体材料中，是否被整合到植物的染色体上，整合后的目的基因是否表达，这些需要通过鉴定方可得知。目前，鉴定的方法有 DNA 的 Southern 杂交、RNA 的 Northern 杂交以及蛋白质的 Western 杂交或酶活性分析等方法，具体可根据条件和目的选择适宜的方法。

(三) 基因工程在园艺植物育种中的应用

基因工程是改变植物遗传性状的重要手段，在培育高产、优质和高抗性的园艺植物新品种中有着积极的意义。具体而言，其在园艺植物育种中的应用主要体现在以下几个方面。

1. 获得新的品种

通过基因工程技术可以获得传统手段不能获得的新品种。以观赏类的园艺植物为例，通过分析花瓣中色素合成的过程，揭示了色素合成的基因秘密，并从中分离出一些与花瓣色素合成有关的关键基因，从而为创造出新的花卉植物开辟了道路。

2. 改良品质

通过将具有优良性状的基因导入植物细胞中，使植物表现出优良的性状，从而实现品质的改良。例如，某些植物中储藏蛋白的部分基因已经被成功克隆，合成一段富含各种必需氨基酸的 DNA 序列，通过 Ti 和 Ri 质粒将该 DNA 片段转移到马铃薯中并已获得表达，有效地改善了马铃薯贮藏蛋白的氨基酸成分。

3. 提高园艺植物抗逆性

基因工程技术在园艺植物育种中的应用，使园艺植物的抗逆性有了大幅度的提高。例如，一些热休克基因已经能够被成功地克隆，通过对这些热休克基因进行修饰并将其导入植物细胞中，能够提高植物的抗热性，从而拓宽了植物栽培的地域范围。

4. 提高园艺植物的抗病虫性

病虫害严重威胁着园艺植物的生长发育，所以提高园艺植物的抗病虫害能力一直是育种研究中的重要内容之一，而基因工程技术的应用对提高园艺植物的抗病虫害能力非常有效。例如，将卫星 cDNA 双体基因导入番茄细胞中，培育出了高产、优质的 DRD8012、DRD8013 和 DRD8018 等番茄新品种，这些新品种对黄瓜花叶病毒、烟草花叶病毒、早疫病及晚疫病具有很高的抗性。

二、细胞工程育种

（一）细胞工程育种的概念

细胞工程是应用细胞生物学和分子生物学的方法，通过类似于工程学的步骤在细胞整体水平或细胞器水平上，遵循细胞的遗传和生理活动规律，有目的地制造细胞产品的一门生物技术。细胞工程是生物工程的一个重要方面，其涉及的技术领域非常广泛，包括细胞培养、细胞拆合、细胞融合、基因转移、染色体操作等方面。细胞工程育种是指针对植物细胞层面进行的育种研究，可以改良品种，也可以产生新的品种，从而产生满足人类需求的有价值的植株。

（二）细胞工程育种技术

1. 单倍体育种技术

（1）单倍体育种的概念。所谓单倍体育种，即利用诱导的单倍体得到单倍体植株，然后通过某些方式使优良的单倍体植株的染色体加倍，从而获得拥有正常染色体数的植株。单倍体育种能够缩短植物育种的年限，提高育种效率，已成为园艺植物育种常用的手段之一。

（2）单倍体的来源。单倍体有两种来源：一是从胚囊内产生单倍体，包括自发产生、假受精、半受精、雄核发育或雌核生殖、雌核发育或孤雌生殖；二是由于离体植物细胞具有全能性，能够发育为完整的植株，所以可以通过组织培养的方式对植物组织进行离体培养，诱导产生单倍体。

（3）单倍体的鉴定。通过各种途径获得的单倍体后代常是混倍体，各个体间的染色体数目并不完全相同，有的植物在试管培养中其再生植株的染色体数目也常发生变异，所以必须对其后代进行鉴定。鉴定方法既可以根据形态特征进行间接鉴定，又可以镜检体细胞中的染色体数或花粉母细胞中染色体数以及染色体配对的情况进行直接鉴定。此外，还可以根据花粉的育性或利用遗传标志性状进行鉴定。

（4）单倍体育种的步骤。

①诱导材料的选择：因为诱导出的单倍体受母体植株的影响，如果母体植株带有不良基因，诱导出的单倍体很可能带有不良基因，所以要从表现优良的植株中选择诱导材料。

②单倍材料的获得：选择了适宜的诱导材料后，接下来便是单倍体的获得，其方式有上文所述的两种。

③单倍体植株染色体的加倍：通过某些手段，如秋水仙素处理，使单倍体植株的染色体加倍，从而获得双倍体植株。

2. 体细胞杂交技术

（1）体细胞杂交的概念。生殖细胞外的所有细胞统称为生物体的体细胞，而体细胞杂交就是将两个原生质不同的体细胞融合成一个体细胞的过程，杂交后的细胞同时具有两个细胞的染色体。常规育种手段不能进行远源杂交，而体细胞杂交技术克服了生殖隔离，可以在亲缘关系较远的植株间进行，并且其植株通常是可育的。

（2）原生质体的融合方法。

①化学融合法。化学融合法指借助化学融合剂促进原生质体融合的方法。目前，常用的化学融合剂有 $NaNO_3$、溶菌酶、明胶、PEG、高 pH- 高浓度钙离子、植物血凝素伴刀豆球蛋白 A 及聚乙烯醇等。其中，将 PEG 与高 pH- 高浓度钙离子结合起来运用，具有更高的融合率。

②电融合法。电融合法是通过改变电场的方式诱导原生质体连接成串，

然后施加瞬间强脉冲电穿原生质膜，进而促进原生质体的融合。电融合法是一种物理融合的方法，相较于化学融合法，此法操作简便，同步性好，且无毒害作用，所以被大量使用。当然，电融合法需要昂贵设备的支撑，且需要确定材料的最适融合条件，这是其不足之处。

（3）杂种细胞的筛选与鉴定。

①杂种细胞的筛选。原生质体经过融合会产生多种类型的杂合子，要得到需要的杂种细胞，便需要从中进行筛选。目前，常用的筛选方式有利用**代谢性抑制剂**、**利用选择培养基**、**互补选择法**、**利用物理性差异辨别和挑选杂种细胞**。在实践中，利用物理性差异使用活性荧光染料（如荧光素双醋酸酯、羟基荧光素等）对不同亲本进行染色或荧光标记是常用方法之一，这种方法具有明显、高效的特点。

②杂种细胞的鉴定。在对杂种细胞进行筛选时，如果能够筛选出杂种细胞，需要进一步对细胞的代谢产物进行鉴定；如果不能够筛选出杂种细胞，需要对细胞进行培养，并进行形态学、细胞学以及分子生物学上的鉴定。相对来说，随着分子生物学的发展，分子生物学鉴定技术更为有效。例如，利用特异性限制性内切酶对叶绿体和线粒体基因组作酶切和电泳分析，可以鉴定杂种细胞质中是否含有两个亲本细胞器的DNA重组。

3. 突变体筛选技术

（1）体细胞无性系变异。通过组织培养得到的植株一般被称为无性系。体细胞无性系则是通过体细胞培养得到的植株，而发生在此种植株的变异便称为体细胞无性系变异。在植物体细胞培养中，发生体细胞无性系变异是一种比较普遍的现象，并且该变异具有遗传性。因为体细胞无性系变异比较普遍，并且变异后得到的植株可以产生新的性状，所以园艺植物育种中常采用体细胞无性系变异的方式。

（2）突变体的筛选。体细胞无性系变异是随机发生的，其变异有有利的，也有不利的，所以需要通过对突变体进行筛选，得到所需要的突变体。突变体筛选有正选择法与负选择法两种。负选择法筛选出突变体，正选择法从突变体中选择出所需的突变体。

①负选择法。负选择法是将细胞放置到限制突变体生长的培养基上，使突变体处于休眠状态，而未突变的细胞能够正常生长，然后用一种对休眠细胞无害，但会毒害生长状态细胞的药物将未发生突变的细胞淘汰，最后再用正常的培养基培养突变细胞。

②正选择法。正选择法是把大量的细胞放置到选择剂中,需要的细胞能够在选择剂中生长,而不需要的细胞会被选择剂杀死,从而将所需细胞选择出来。这种方法常用于抗病突变体的选择中,如在水稻抗病育种中,通过直接使用病毒素或者使用类似的选择剂,筛选并培育出了具有抗病性的水稻植株。

三、分子标记辅助育种

分子标记辅助育种是利用分子标记与决定目标性状的基因紧密连锁的特点,通过检测分子标记,即可检测到目的基因的存在,达到选择目标性状的目的,具有快速、准确和不受环境条件干扰的优点。经过多年的发展,研究人员已研究出十几种 DNA 标记技术,并且在研究实践中,常常根据不同的研究目的选择不同的技术手段。当然,如果根据对 DNA 多态性的检测手段分类,DNA 标记可归纳为基于 DNA-DNA 杂交的 DNA 标记、基于 PCR(聚合酶链式反应)的 DNA 标记及基于单核苷酸多态性的 DNA 标记三大类。

(一)基于 DNA-DNA 杂交的 DNA 标记

基于 DNA-DNA 杂交的 DNA 标记技术是利用限制性内切酶酶解及凝胶电泳分离不同生物体的 DNA 分子,然后用经标记的特异 DNA 探针与之进行杂交,通过放射自显影或非同位素显色技术来揭示 DNA 的多态性。其中,发现最早、最具代表性的是限制性片段长度多态性(restriction fragment length polymorphism,RFLP)标记技术。RFLP 是利用限制性内切酶酶解不同生物体的 DNA 分子后,用特异探针进行 Southern 杂交,通过放射自显影来揭示 DNA 的多态性,该标记为共显性标记。RFLP 标记主要应用于遗传连锁图的绘制和目的基因的标记。

(二)基于 PCR 的 DNA 标记

PCR 技术出现以后,极大地推动了 DNA 标记技术的发展。根据所引物的特点,基于 PCR 的 NDA 标记可分为特异引物的 PCR 标记和随机引物的 PCR 标记。由于特异引物 PCR 所扩增的 DNA 是已知的,所以特异引物 PCR 标记技术有赖于对物种基因组的了解。而随机引物 PCR 所扩增的 DNA 是未知的,具有随机性的特点,所以不需要对物种基因组进行了解,能够用于任何未知基因组的研究。

1. 特异引物的 PCR 标记

（1）SSR 标记。SSR 是 simple sequence repeat 的缩写，意为简单序列重复。这是一类以 2～4 个核苷酸为重复单位组成的串联重复序列（一般长达几十个）。由于重复的次数不同，组成的序列长度也不同，从而使这些串联重复序列呈现出多态性。虽然早在 20 世纪 70 年代，生物学家已经发现在真核生物的基因组中存在着串联重复点位，但一直到 1984 年，生物学家们用不同微卫星序列与不同有机体中的 DNA 杂交，证实这些序列的数目具有广泛性并且大量存在，而后 SSR 标记被广泛认为是继 RFLP 之后的第二代分子标记。

（2）STS 标记。STS（sequence tagged site）标记是根据单拷贝的 DNA 片段两端的序列，设计一对特异引物，扩增 DNA 而产生的一段长度为几百个碱基对的特异序列。RFLP 标记经两端测序，可转化为 STS 标记。用 STS 进行物理作图，可通过 PCR 或杂交途径来完成。STS 标记可作为比较遗传图谱和物理图谱的共同位标，这在基因组作图上具非常重要的作用。

2. 随机引物的 PCR 标记

（1）RAPD 标记。随机扩增的 DNA 多态性（random amplified polymorphic DNA，RAPD）技术是以基因组为模板，以一个随机的寡核苷酸序列（通常 10 个碱基对）作引物，通过 PCR 扩增反应，产生不连续的 DNA 产物，来检测 DNA 的多态性。由于该方法操作简便，所以备受研究者青睐，但其稳定性与重复性较差。为了解决这一问题，一些生物学家在 RAPD 标记的基础上研究出了特异序列扩增的 SCAR（sequence characterizal amplified region）标记。由于 RAPD 标记的稳定性较差，所以可以将随机引物扩增的片段从凝胶上回收并进行克隆和测序，根据其碱基序列设计一对特异引物（18～24 bp），此法提高了 RAPD 标记的稳定性。

（2）ISSR 标记。简单序列重复区间（inter-simple sequence repeats，ISSR）DNA 标记技术检测的是两个 SSR 之间的一段短 DNA 序列上的多态性。利用真核生物基因组中广泛存在的 SSR 序列，设计出各种能与 SSR 序列结合的 PCR 引物，对两个相距较近、方向相反的 SSR 序列之间的 DNA 区段进行扩增。ISSR 稳定性比 RAPD 好，目前已应用于植物遗传分析的各个方面，如品种鉴定、基因定位、遗传关系及遗传多样性分析、植物基因组作图研究等。

（3）SRAP 标 记。SRAP（sequence related amplified polymorphism，SRAP）标记通过独特的引物设计对开放阅读框（opening reading frames，ORFs）进行扩增。一般而言，上游引物长 17 bp，5' 端的前 10 bp 是一段填充序列，紧接着是 CCGG，由此组成核心序列，再加上 3' 端 3 个选择碱基，可对外显子进行扩增；下游引物长 18 bp，5' 端的前 10～11 bp 是一段填充序列，紧接着是 AATT，由此组成核心序列，再加上 3' 端 3 个选择碱基，可对内含子区域、启动子区域进行扩增。SRAP 标记可以因个体不同以及物种的内含子、启动子与间隔区长度不等而产生有多态性的扩增产物，具有简便、稳定、产率高、广泛适用和便于克隆目标片段的优点，目前，已应用到莴苣、马铃薯和油菜等园艺植物的研究之中。

（三）基于单核苷酸多态性的 DNA 标记

基于单核苷酸多态性的 DNA 标记是基于 DNA 序列中因单个碱基的变异而引起的遗传多态性。其中，基于基因组重测序技术发展起来的插入缺失长度多态性（insertion and deletion length polymorphism，InDel）标记和单核苷酸多态性（single nucleotide polymorphism，SNP）标记被称为第三代新型分子标记，它们在生物技术领域的作用越来越凸显，受到诸多生物学家的重视。

1. InDel 标记

由于基因组中核苷酸的缺失或插入所引起的 DNA 序列的多态性被称为 InDel 标记。通过在基因组中插入、缺失位点设计能够扩增这些插入、缺失位点的特异性引物，PCR 产物利用电泳技术就可以得到其长度的多态性。InDel 标记操作简便，且具有较好的稳定性，是一种比较理想的标记方法。

2. SNP 标记

SNP 标记是指在基因组水平上由单个核苷酸的变异所引起的 DNA 序列多态性。单个碱基的缺失或插入以及单个核苷酸的替换都会引起这种变异。SNP 标记具有遗传稳定性高、分布密度高的优点，同时 SNP 检测技术的发展比较成熟，所以其应用非常广泛。

四、分子设计育种

分子设计育种的概念是由荷兰科学家 Peleman 和 van der Voort 提出的。

与传统育种方式不同，分子设计育种是以生物信息学为平台，以基因组学和蛋白组学的数据库为基础，综合育种学流程中的作物遗传、生理生化和生物统计等学科的有用信息，根据具体作物的育种目标和生长环境，预先设计最佳方案，然后开展作物育种试验的分子育种方法[1]。利用计算机进行模拟是分子设计育种最大的特点，由于计算机能够处理大量的数据，所以可以将更多的因素模拟进去，也可以尝试更多的组合和途径，所以极大地提高了育种的效率。

（一）分子设计育种的基础

分子设计育种并不是凭空产生的，而是有一定的理论与现实基础，具体体现在以下几个方面。

1. 生物遗传信息库数据迅速增长

国际上三大常用核酸序列数据库为欧洲分子生物学实验室（EMBL）、GenBank 序列数据库与日本的 DNA 数据库（DDBJ）。随着生物技术以及基因组学的快速发展，三大常用核酸序列数据库中的数据呈现迅速增长的态势。1990 年，三大库中收录的核酸序列数据仅有 4 万余条，而到 2015 年，三大数据库收集的核酸序列数据已经接近 2 亿条。核酸序列是人类了解基因的钥匙，但如何处理如此庞大的数据量，如何有效地利用这把钥匙，并将其应用到植物育种之中，仍旧值得生物学家做进一步的研究。

2. 分子标记技术的发展

笔者在前文对分子标记技术做了叙述，从第一代的 RFLP 标记到第三代的 SNP 标记，分子标记技术可谓日新月异。第三代分子标记技术具有适于高通量检测、标记数目多的优点，同时由于 EST 和 cDNA 全长序列是表达基因序列，通过对现有的 EST 或全长 cDNA 数据进行标记查寻，再进行合适的标记引物设计和多态性检测，就可以找到稳定可靠的基于表达基因的特定分子标记。此外，分子标记技术的发展也促进了基因定位的发展，尤其是促进了数量性状基因定位的发展，而阐明定位数量性状的基因位点的效应以及上位性，对当代的遗传育种研究具有非常积极的意义。

---

[1] 孙立洋，贾香楠，陈晓阳，等.分子设计育种研究进展及其在林木育种中的应用[J].世界林业研究，2010，23（4）：26-29.

3. 基因电子定位与电子延伸得到应用

利用 EST 或 cDNA 全长序列等信息对表达序列直接进行作图已成为发掘新基因和比较基因组学研究的重要途径之一。EST 是目前发现新基因的主要信息来源之一，尤其是对尚未进行全基因组测序的作物来讲，EST 是了解基因组中基因序列特征、开发基因特异性标记的重要信息基础。例如，通过把与抗病基因或防御反应基因相似的 EST 在水稻染色体上进行作图，发现部分 EST 定位在以前就已明确含有抗病基因的染色体区域。

（二）分子设计育种的研究重点

1. 建立核心种质和骨干亲本遗传信息的链接

核心种质的建立就是要以最小的群体代表最大的遗传多样性，而骨干亲本则是植物育种研究中取得较好效果且被广泛使用的育种材料。发掘这两类材料的遗传信息并建立有效的链接，能够在分子设计育种中快速得到相关的信息，从而为分子设计育种提供学习支撑。

2. 构建主要育种性状的 GP 模型

GP 是 genotype to phenotype 的简称，GP 模型则是描述不同基因和基因型以及基因和环境间是如何作用以最终产生不同性状的表型，进而鉴定出符合需求的目标基因型，所以 GP 模型的构建至关重要。GP 模型利用已经建立的核心种质和骨干亲本遗传信息链接，结合不同的育种目标，对育种过程中涉及的各项内容进行不断模拟和优化，从而推测出产生理想基因以及优质品种的概率，使育种效率得到了大幅度的提高。

（三）分子模块设计育种

多数园艺植物的性状具有模块化的特征，在解析园艺植物多基因控制的复杂性状时，分子模块设计育种无疑会成为分子设计育种的一个重要手段。其实，早在 2008 年，中国科学院的薛勇彪等人便提出了"分子模块设计育种"的理念，其核心是获得控制农业生物复杂性状的重要基因及其等位变异，解析功能基因及其调控网络的可遗传操作的功能单元，即分子模块；采用计算生物学和合成生物学等手段将这些模块有机耦合，开展理论模拟和功能预测，系统地发掘分子模块互作对复杂性状的综合调控潜力；实现模块耦合与遗传背景及区域环境三者的有机协调统一，发挥分子模块群对复杂性状最佳的非线性叠加效应，从而有效实现复杂性状的定向改良，为培育新一代设计型超级品种提供系统解决方案①。

分子模块设计育种具体可分为分子模块解析、分子模块系统解析和耦合组装、品种分子设计与培育、分子设计育种基地完善与能力提升4个方面。

1. 分子模块解析

在综合运用计算机生物学、系统生物学等手段的基础上，对具有优良性状的种质资源进行分析，解析其品质、产量、抗逆性等性状，并揭示其复杂性状的全基因组编码规律，获得高产、优质的分子模块，然后挖掘高产、优质等性状的优异等位变异，最终获得可用于分子设计育种的分子模块。

2. 分子模块系统解析和耦合组装

系统分析鉴定复杂性状调控网络，建立完整的与复杂性状关联的全基因组分子标记体系，设计分子模块体系耦合的最佳路径，计算、模拟分析多分子模块系统耦合的动力学规律及效应。

3. 品种分子设计与培育

针对目前园艺植物存在的主要问题，充分利用已经获得的分子模块，将分子育种方式与传统育种方式结合起来。具体操作如下：以目前园艺栽培中的主栽品种为底盘品种，将其与分子模块进行杂交处理，从而获得初级模块设计品种；由于上一步中导入的分子模块不同，所以得到的初级模块设计品种也不同，然后将不同的初级模块品种进行杂交，进而得到了双模块设计品种；最后，将双模块设计品种作为底盘品种，采取与上述处理相同的技术路线，即可得到3模块设计品种以及更高等级的模块设计品种。得到模块设计品种之后，与底盘品种进行对照，分析其性状的变化情况。

4. 分子设计育种基地完善与能力提升

选择核心育种基地进行分子模块设计育种材料繁育后代；通量化的表

---

① 李明. 分子模块设计育种引领未来育种科技新方向—中国科学院战略性先导科技专项"分子模块设计育种创新体系"简介[J]. 中国科学：生命科学，2015，45（6）：591-592.

型与基因型分析鉴定；共用、高通量分析检测技术研发；野生近缘种、当地农家种和育种新材料的收集与保存；数据与信息的汇总、分析和存储，为分子模块解析、分子模块的系统解析和耦合组装及品种分子设计与培育提供材料、数据和育种服务的支撑。

第四章 园艺植物的繁殖与定植

第一节　园艺植物的有性繁殖

植物的有性繁殖也叫种子繁殖，是通过两性生殖细胞的结合形成种子，然后通过传播种子的方式来繁衍后代。有性繁殖具有诸多优点：种子体积小，易于携带，便于运输和长期贮藏；种子来源广，播种简便，能够大量繁殖；经种子繁殖形成的幼苗叫作实生苗，实生苗生长健壮，根系发达，对环境适应力强。当然，有性繁殖也具有一些缺点，如遗传稳定性较差，后代易发生变异，实生苗开花结果较晚等。园艺植物的有性繁殖离不开人类的作用，从种子采集到种子的播种，处处存在着人类的身影。

一、种子的采集与贮藏

（一）种子的采集

种子是园艺植物有性繁殖的重要材料，种子的品质将直接影响繁殖的结果，即新植株的品质，所以采集高质量的种子至关重要。基于此，在选择要采集种子的植株时，应选择生长态势良好且无病虫害的植株作为母株。同时，掌握好种子成熟的时期，做到不晚采，也不早采。各种园艺植物的种子成熟期依其生物学特性各不相同，还依每年的自然气候不同而有所变化，故采种前应事先鉴定种子是否已经成熟。鉴定种子是否成熟的直观方法是看其外部颜色。当呈现特征颜色后，再将其种子剖开检查其种仁或胚。如果种仁已变得坚实干燥，种皮也变得致密坚硬，即证明种子已充分成熟。种子成熟后要及时采收。采收过早，种子尚未成熟，种子内部尚未积累充足的营养物质，含水量高，贮藏或播种易腐烂，发芽率低；采收太晚，种子易脱落或被鸟、虫采/蛀食。

（二）种子的贮藏

1. 种子的寿命

种子的寿命是指种子从完全成熟到失去活力所间隔的时间，即种子发芽能力保持的年限。这是对自然条件下种子寿命的界定，因为在园艺种植中，需要种子有非常高的萌发率，而种子的萌发率与其萌发能力呈正相关，即萌发能力越强，种子萌发率越高。这就说明，虽然有些种子依旧没有失去活力，但其萌发能力已经非常弱，萌发的概率非常低，完全不能满足园艺种植的需求，所以在园艺种植中，这些种子也可被认定为失去了活力。当然，应用于园艺种植的种子与自然条件下的种子贮藏的环境条件不同，人们为了延长园艺种植种子的寿命，常常会采取一定的措施对环境进行调控，从而为种子提供适宜的贮藏环境。因此，在园艺种植中，种子寿命的概念应该重新界定：贮藏在一定环境下的种子能够保持高萌发率的年限。

在常规的贮藏条件下，种子的寿命一般比自然条件下要长，但由于不同园艺植物其生物学特征不同，其种子的寿命也有长短之别。根据种子寿命的长短，可以将种子分为长命种子、中命种子和短命种子。

（1）长命种子：长命种子的寿命一般在4～6年，甚至更长，如白菜、蚕豆和茄子的种子。

（2）中命种子：中命种子的寿命一般在2～3年，多数果树、蔬菜和花卉的种子都属于中命种子。

（3）短命种子：短命种子的寿命一般短于1年，如荔枝、芒果和柑橘等热带果树的种子。

2.种子贮藏的方法

根据种子的特征，种子贮藏的方法可分为湿藏法与干藏法两种。

（1）湿藏法。对于含水量较高的种子可以采用此种方法，即将种子储藏在湿润、低温的环境中，从而维持种子的生命力。在实践中，通常采用混沙作为湿藏的材料，即选用干净、含水量在60%左右的河沙（可用仪器测定，也可用手抓的方式进行简单的确认，即用手握着沙子不滴水，松开后不散开）。贮藏的温度一般不能太低，控制在0～5℃为宜，因为温度太低反而会冻伤种子，不利于种子的存活。贮藏时，可按照种子一份、沙子三份的比例进行混合，并且保持每一粒种子都能够接触到沙土。至于贮藏的地点，室内、室外均可，也可以挖坑埋藏，不过室外贮藏要注意避水。此外，有一些园艺植物，如红松、睡莲，其种子可采取流水贮藏的方式，即将种子装到麻袋内，然后置于流水中贮藏，能达到非常好的效果。

（2）干藏法。对于含水量低的种子可采取干藏法，即将种子放置到低温、干燥的环境中进行贮藏。在具体的实践中，根据操作方法的不同，干藏法又可细分为以下4种。

①普通干藏法。普通干藏法是最常用的一种贮藏种子的方法，此方法

操作简便，且费用较低，适合大批量生产用种子的贮藏。具体操作如下：将种子放置于适当的容器内（如缸、木箱和麻袋等），然后一同置于干燥、低温的环境下进行贮藏。贮藏前，可用石灰水刷墙，以起到消杀的作用。此外，为了使仓库维持较干燥的环境条件，可在仓库内放置生石灰吸湿，同时兼具消杀的作用。普通干藏法贮藏的年限一般在 1～2 年，如果需要更长的贮藏时间，应采取其他方法。

②密封干藏法。对种子进行干燥处理，使其达到密封保存的条件，然后根据不同种类的种子选择适宜的容器将种子密封起来进行保存。在一定的温度条件下，密封干藏法不仅可以延长种子寿命，还由于其保存在容器中，便于运输。

③气藏法。在食物的保存中，经常会用到气藏的方法，即将密封容器内的空气抽出达到真空的状态，或者向容器内充入氮气，从而使食物与外界隔绝。这一方法也同样适用于种子的贮藏。由于与外界隔绝，种子不受外界湿度的影响，同时由于容器内缺乏氧气，所以种子的呼吸作用会被抑制，进而达到延长种子寿命的目的。

④低温密封干藏法。低温密封干藏法是在密封法的基础上对温度进行控制，使温度降低到 $-5～0℃$，贮藏期限可长达 5～6 年。此法适用于上述贮藏方法下易于失去活力的种子，或需要长期贮藏的种子。为了使密闭的容器内长期保持干燥，也可在密封前将木炭、氯化钙等同种子一起放置到容器内。

二、种子质量的检验

虽然通过上述贮藏方法能维持种子的生命力，但为了保证种子的萌发率以及出苗的健壮整齐，通常在播种前需要对种子进行质量检验。虽然目前的技术手段无法直接确定种子萌发后的状况，但通过一系列的指标检测，也能够初步确定种子的质量。具体来说，检测的指标包括种子含水量、净度、千粒重、发芽力和生活力等。

（一）种子含水量的检测

种子的含水量是指种子所含水分与其自身总重量的比值，不同贮藏条件下，种子的含水量也会存在差异。种子含水量的检测可通过烘干法计算得到，计算公式为

$$种子含水量（\%）=\frac{烘干前种子的重量-烘干后种子的重量}{烘干前种子的重量}\times100\%$$

（二）种子净度的检测

种子净度是指净种子在样品中所占的含量，这是衡量种子价值和分级的重要依据。净种子是指去除杂质与其他作物种子后留下的种子，所以种子净度的计算式可归结如下：

$$种子净度（\%）=\frac{净种子的重量}{所检验样品种子的重量}\times100\%$$

（三）种子千粒重的检测

种子的千粒重是指 1 000 粒种子的质量。检测时可数出 1 000 粒种子进行检测，此法为千粒法；也可数出 100 粒检测，此法为百粒法。

1. 千粒法

将要检测的种子随机分成四份，每份中取出 250 粒，共 1 000 粒，为一组，共取两组。称重后计算两组的平均值，如果在误差范围内，即可得出种子的千粒重，如果在误差范围外，则应重新选取种子，重新称重。

2. 百粒法

将要检测的种子随机分成四份，每份中取出 25 粒，共 100 粒，为一组，共取 8 组。称重后计算 8 组的平均重量，如果在误差范围内，可得出种子的百粒重，然后乘以 10 便可得到种子的千粒重；如果在误差范围外，则应重新选取种子，重新称重。

种子的千粒重可以衡量种子的饱和度及其大小，同时是计算种子播种量的一个重要依据。

（四）种子发芽力的检测

种子的发芽力包括发芽率与发芽势两个方面，二者都可以通过试验测得。

1. 发芽率

发芽率指在适宜的环境条件下，种子播种后正常发芽的数量占播种数

量的比例。种子的发芽率在很大程度上反映了种子的生命力，也是反映种子品质的一个重要依据。发芽率的计算公式为

$$发芽率（\%）= \frac{正常萌发的种子数量}{播种种子的数量} \times 100\%$$

2. 发芽势

发芽势是指在发芽过程中日发芽种子数达到最高峰时，发芽的种子数占供测样品种子数的百分率，一般以发芽试验规定期限的最初 1/3 期间内的种子发芽数占供验种子数的百分比为标准。种子发芽势高，表示种子生活力强，发芽整齐，出苗一致。种子的发芽势可用下述公式表示：

$$种子发芽势（\%）= \frac{试验期限内种子发芽的数量}{播种种子的数量} \times 100\%$$

综上可知，种子发芽力的强弱由发芽率与发芽势共同体现。仅仅是发芽率高，而发芽势弱，那么长出的幼苗不齐整，也不粗壮，这说明种子的质量仍旧较差。只有发芽率和发芽势都较高的时候，才能萌发出更多整齐、粗壮的种子，这些种子才是园艺种植所需要的。

（五）种子生活力检测

种子生活力是指种子发芽的潜在能力，目前测定种子生活力的方法有以下几种。

1. 目测法

目测法是最简单的方法，即直接观察种子的外部形态。如果种子颗粒饱满，种皮平滑有光泽，而且剥开种皮后，胚和子叶呈乳白色，不透明，则说明种子的生活力较强；如果种子颗粒较小，种皮褶皱，剥皮后的胚呈褐色或透明状，则说明种子的生活力较弱，甚至失去了生活力。目测法能够辨别一些外部形态比较明显的种子。对于通过外部形态不能准确辨别的种子，则应选用更为精确的方法。

2. TTC（氯化三苯基四氮唑）法

氯化三苯基四氮唑（TTC）是标准氧化还原电位为 80 mV 的氧化还原物质，溶于水中成为无色溶液，但还原后即生成红色而不溶于水的三苯基甲腊（TTF）。TTC 法便是利用氯化三苯基四氮唑的这一原理。因为有活力的种子

会进行代谢活动，而在代谢过程中由脱氢酶催化所脱下来的氢可以将无色的氯化三苯基四氮唑溶液还原成红色而不溶于水的三苯基甲䐩。种子生活力越强，种子的代谢活动也就越旺盛，被还原的氯化三苯基四氮唑越多，溶液的颜色越红；而生活力弱或者失去生活力的种子，由于代谢活动弱或已经没有代谢活动，所以溶液的颜色就浅，甚至不会变成红色。

3. 靛蓝染色法

靛蓝，又名食品蓝1号、食用青色2号、食用蓝、酸性靛蓝和硬化靛蓝，为水溶性非偶氮类着色剂。靛蓝能够透过死细胞并使其染上颜色，所以可以利用这一功能，检测种子的生活力。如果种子没有被染上颜色，说明种子体内没有死细胞，其生活力较强；如果种子被染上颜色，说明种子内存在死细胞，然后根据被染色面积的大小和部位，确定种子生活力的减弱情况。

三、种子播种前的处理

（一）种皮处理

对于一些种皮坚硬的种子，由于种子的透水性与透气性较弱，所以为了促进种子的萌芽，应该对种子进行破皮处理。如果种子的数量较少，可选用锤子、老虎钳等工具人工处理；如果种子的数量较多，则需要运用破皮机进行批量化的破皮处理。除了采用物理方法进行破皮，还可以采用化学方法，即用溶液浸泡种子。如将种子浸泡到10%的氢氧化钠溶液中，经过短时间的处理，即可使种皮变薄，透性提升，从而促进种子的萌发。需要注意的是，化学处理后的种子需要用清水处理，使种皮表面不会残留处理液，否则会对种子以及土壤产生污染。

（二）清水浸泡处理

清水浸泡可以使种子在播种前吸收充足的水分，从而促进种子的萌发。此外，清水浸泡种子还可以起到软化种皮的作用，使种子更易萌发。清水浸泡种子时，温度和时间是两个重要的因素，而不同的园艺植物，其浸泡的时间和温度不同，种植者需要结合播种的植物种类进行确定。以温度为例，根据浸泡温度的不同，可分为凉水浸泡（25～30℃）、温水浸泡（50～55℃）、热水浸泡（70～75℃）、变温浸泡（冷热交替进行）。对于种皮较厚的种子，可采取后两种浸泡方法，但有一点需要注意，即种子出现裂口后，要及时从热水中取出，以防烫伤种胚。

（三）层积处理

将种子与潮湿的介质（通常为湿沙）一起贮放在低温条件下（0～5℃），以保证其顺利通过后熟作用叫层积，也称沙藏处理。春播种子常运用此方法进行处理，以促进种子的萌发。具体操作如下：先用清水浸泡种子一段时间，浸泡时间依园艺植物种类不同而异，等到种子充分吸水后，将种子取出晾干，然后与干净的河沙混合在一起。沙子的用量因种子的大小而异，中小粒种子与河沙的比例为1：3到1：5之间，而大粒种子与河沙的比例一般为1：5到1：10之间。河沙的含水量以50%为宜，可通过手握的方式检测，即手握不滴水但成团。沙埋时，如果种子的量较小，可将与河沙混合好的种子埋于花盆或木箱中；如果种子的量较大，则可以采取沟藏法，即选择背阴、不易积水和环境干燥的地方，挖出大小合适的沟壑，沟壑底部先铺上河沙，然后将与河沙混合好的种子置于河沙之上，最后再用河沙覆盖，并在河沙上覆上干草。在层积处理期间，要注意检查湿度、温度，以防出现发霉或过早发芽的情况，等到春季种子露白之后，便可将种子播种。

（四）催芽处理

凡是能够打破种子休眠、促进种子发芽的措施，均可称为催芽。前文提到的种皮处理、清水浸泡处理以及层积处理，从某种意义上来说，都是催芽的有效措施。综合来看，催芽有两个关键因素，即水分和温度，所以催芽的措施可以从这两个因素着手。比如，保水可采取潮湿纱布、潮湿毛巾包裹种子的方式；保温可采取电热毯加热的方式，即用湿毛巾或湿纱布包裹已浸好的种子，外面再包一层塑料布，然后包在电热毯里，将温度调至中温挡位置进行催芽，一般2～3 d即可催好。

（五）种子消杀处理

对种子进行消杀处理，可杀死种子携带的病虫害，从而避免种子在土壤中受到病虫的危害。例如，用100倍福尔马林浸泡冬瓜种子30 min后洗净播种，可消灭冬瓜种子上的疫病、枯萎病等病菌；用种子用量的0.3%的70%的敌克松拌番茄、茄子、辣椒种子，可有效防治苗期立枯病；茄果类可用0.3%的硫酸铜或用0.1%的硼砂浸种4～6 h后洗净播种，也可用10%的磷酸三钠液浸种30 min能基本钝化种皮的病毒。

四、种子的播种

(一)播种时期

种子的播种时期因园艺植物的种类不同而有差异,同时受当地气候条件以及栽培目的的影响。一般来说,在不考虑栽培目的的情况下,种子播种有春播和秋播两种,顾名思义,就是有春季播种与秋季播种之分。春播与秋播是针对露地园艺植物而言,对于设施内的园艺植物,由于设施内的温度、湿度等环境因素可以调控,所以没有严格的季节限制,可以根据需求决定种植的时间。

(二)播种方式

常见的播种方式有撒播、条播和点播三种。撒播是将种子均匀洒在苗床上的一种方法。撒播要力求均匀,不能过密,撒播后需要轻耙土壤,以将种子稍稍覆盖在土下。撒播的方式比较省工,虽然力求均匀,但出苗常常会出现稀疏不均的情况,管理稍有不便。条播是通过开沟,在沟内播种的一种方式。由于沟与沟之间有一定的距离,所以通风良好,光照充足,且便于机械化操作。点播之前需要开穴,然后每穴播种 2~4 粒种子,待出苗后根据需要留苗。此法节约种子,且出苗均匀,成苗质量好,但费工费时。

(三)播种量

播种量是指种子在单位面积(通常为 667 m²)中播种的量(通常以 kg 表示)。为了保证播种地的出苗量,在播种前必须要计算出播种量,其计算公式如下:

$$播种量(kg/667 m^2) = \frac{单位面积内的计划出苗数}{每千克种子的粒数 \times 种子发芽率 \times 种子净度}$$

当然,通过上述公式计算得到的播种量是一种理想状态下的播种量。由于在实践中种子的出苗率还会受到气候条件、土壤肥力、病虫害和播种方式等因素的影响,所以需要在计算结果的基础上适当增加播种量。

(四)播种深度

种子的播种深度受土壤性质、种子的大小以及播种时期的影响。相对来说，种子大，储存的营养物质较多，顶土的能力也相对较强，所以播种深度可适当增加；而小种子由于营养物质储存得少，所以顶土能力也弱，适宜浅播。土壤性质同样影响着种子的出土能力，沙土空隙较大，土壤黏力较小，种子易出土，而黏土空隙小，土壤黏力大，种子不易出土，所以沙土可适当深播，而黏土要浅播。此外，根据播种的时期不同，即春播与秋播，秋播要比春播稍深。上述几种情况所述的播种深度都是相对而言，对于不同的园艺植物，其播种深度也有所区别，这一点是需要特别注意的。

第二节 园艺植物的无性繁殖

无性繁殖也被称为营养繁殖，是指利用植物的一部分（根、茎、叶和芽）作为繁殖材料，通过嫁接、扦插和压条等方式获得新个体的繁殖方法。与需要种子培育的有性繁殖相比，无性繁殖有诸多的优点：一些不能够结出种子的园艺观赏植物可以通过无性繁殖获得新的个体，一些不能够通过有性繁殖保持的优良性状可以通过无性繁殖的方式保持。无性繁殖也存在缺点，如繁殖量小，繁殖材料不易携带等。在本节中，笔者将针对无性繁殖的几种常用方式（嫁接繁殖、扦插繁殖、压条繁殖、分生繁殖和组织培养繁殖）依次展开分析和论述。

一、嫁接繁殖

（一）嫁接繁殖的概念及其优点

嫁接繁殖是指将植物营养器官的一部分移接到另一植物体上，使之愈合而成为新个体的繁殖方法。被接的枝、芽，称为接穗；承受接穗的植株，称为砧木。接活后的苗，称为嫁接苗。嫁接繁殖具有以下优点。

（1）克服某些植物不易繁殖的缺点。有些园林植物扦插或压条不易成活的优良品种，或者播种繁殖不能保持其优良特性的植物均可以用嫁接繁殖，如矮化观赏碧桃、重瓣梅花等。

（2）保持原品种优良性状。由于做接穗的繁殖体性状稳定，能保持植株的优良性状，而砧木一般不会对接穗的遗传性产生影响。

（3）能提高接穗品种的抗性。嫁接用的砧木有很多优良特性，进而影响到接穗，使接穗的抗病虫性、抗寒性、抗旱性和耐贫瘠性有所提高。例如，牡丹嫁接在芍药上，菊花嫁接在白蒿或青蒿上，西鹃嫁接在毛白杜鹃上等均可提高其适应能力。

（4）提前开花结实。由于接穗嫁接时已处于成熟阶段，砧木根系强大，能提供充足的营养，使其生长旺盛，有助于养分积累。所以，嫁接苗比实生苗或扦插苗生长苗壮，提早开花结实。

（5）改变植株造型。通过选用砧木，可培育出不同株型的苗木。如利用矮化砧寿星桃嫁接碧桃，利用乔化砧嫁接龙爪柳，利用蔷薇嫁接月季，可以生产出树月季等，使嫁接后的植物具有特殊的观赏效果。

（6）成苗快。由于砧木比较容易获得，而接穗只用一小段枝条或一个芽，因而繁殖期短，可大量出苗。

（二）植物嫁接成活的影响因素

1.嫁接的时期

嫁接时期的选择有休眠期嫁接与生长期嫁接之分。

（1）休眠期嫁接。休眠期嫁接有春接和秋接之分。春季嫁接通常采取枝接的方式，时间选在2月中旬到3月上旬之间，此时树液开始流动，但枝芽还未萌发，这时是嫁接的最佳时机。很多园艺苗树都可以采取春接的方式。而秋季嫁接时，由于植物春季萌发的枝条已经停止生长，养分比较充足，芽较饱满，并且形成层依旧处于比较活跃的状态，所以此时是一个嫁接的良好时机。当然，选择秋接的方式时，不能太晚，否则形成层活跃度降低之后，接口不易愈合，不利于越冬。

（2）生长期嫁接。生长期嫁接通常采取芽接的方式，时间多选在树液流动最为旺盛的夏季，即6月份到8月份之间，此时植物枝条腋芽发育充实而饱满，砧木的树皮也容易剥落，是芽接的最佳时机。

2.环境条件

适宜的环境条件有利于接口的愈合，通常情况下，以20～30℃为宜。当然，不同的园艺植物，其接口愈合对温度的要求也略有差异，如葡萄嫁接的适宜温度为24～27℃，核桃嫁接的适宜温度为26～29℃。温度过高，枝条组织柔软，栽植时容易损坏；温度过低，植物细胞活性减低，愈合缓慢。

除了有适宜的温度，还需要有适宜的湿度。一般来说，保持较高的湿度有利于接口的愈合，但切忌浸泡到水中，因为接口的愈合需要充足的氧气。另外，光照会抑制愈伤组织的生长，所以为了加快接口的愈合，应该做好遮光处理。

3. 嫁接亲和力

嫁接亲和力是指接穗在和砧木嫁接后能正常愈合、生长和开花结果的能力，又被称为嫁接亲和性。嫁接亲和力的大小不仅影响着嫁接苗的成活情况，还影响着嫁接体的品质。嫁接亲和力受多种因素的影响，但关键因素有二：一是砧木与接穗的亲缘关系，这一点由二者科、属和种间关系的远近而定；二是砧木和接穗的代谢作用，二者代谢作用相近，其亲和力便强，反之则弱。嫁接亲和力较弱可能会引起诸多不良后果，如：接口不愈合或愈合不良；接口愈合后成活率低；虽然成活，但生长衰弱，且果实发育异常……由此可见，在选择砧木与接穗时，要考虑嫁接亲和力，这是保证嫁接苗存活且正常生长发育的关键。

4. 嫁接技术

嫁接技术并不是植物嫁接成活的核心要素，但如果嫁接技术存在问题，便容易使接口出现伤流较重的情况，从而影响嫁接的成活率。因此，对嫁接技术也有一定的要求，需要做到快、平、准、紧、严，即动作速度快、削面平、形成层对准、包扎捆绑紧及封口严。

（三）嫁接的方法

目前，在园艺栽培中常用的嫁接方法有枝接、芽接和根接三种。

1. 枝接

枝接是一种以枝条作为接穗的嫁接方法。此种方法的优点是嫁接苗成长较快，成活率较高；缺点是操作比较复杂，对砧木有一定的要求。目前，枝接中常用的方法有切接法、劈接法、腹接法等多种方法。

切接法碧桃（图4-1）上用得多。以选一年生枝条作接穗为好，接穗长5～7 cm，每段留2～3个芽，下端削成斜面。砧木从地面上5 cm处切断，再纵切，切口大小与接穗切口相近，然后将接穗与砧木形成层对准扎牢，防止雨水淋入。劈接法适用于较粗的砧木，在龙爪槐、广玉兰上应用较多。接穗长5～7 cm，有2～4个芽。接穗下部削成楔形斜面。砧木保留约3 cm高，从中间垂直纵切，长度比接穗切面略长，然后插入砧木，双方形成层对准，再用薄膜条扎紧。腹接法在五针松、龙柏、真柏上用得多，嫁接时砧木上部枝条不用去掉，在嫁接处把树皮切开，然后把削好的接穗插入砧木皮中，再绑好。

图 4-1　碧桃

2. 芽接

芽接是一种以芽作为接穗的嫁接方法。相较于枝接，芽接的操作方法简便，而且芽接具有接口容易愈合、嫁接苗成活率高、成苗快的优点。芽接常用的方法有"T"形芽接法、倒"T"形芽接法和片状芽接法等。

"T"形芽接法需要将砧木洗净，用芽接刀横切，再垂直纵切一刀，成"T"字形。再用尾端骨片沿垂直口轻轻将树皮撬开；在芽上方 0.5 cm 处横切一刀，深至木质部，再在芽下 1 cm 处斜切至与前刀口交叉处。将芽取下，用骨片挑除木质部，然后插入"T"字形切口撬开的皮层内，使芽穗与砧木二者形成层紧贴后绑扎。倒"T"形芽接法操作与"T"形芽接法基本相同，不同处在于：在砧木上割取切口时，其切口呈倒"T"字形；削取接穗时，自接穗上方下刀，向下削取，因此接穗呈倒"T"形。片状芽接法又称贴按法，是"T"形芽接法和倒"T"形芽接法的发展。其与上两种方法不同之处在于，将接穗连皮切成一个长方块，并在砧木上挖去与接穗相等的树皮，然后将接穗嵌入，并使二者密切吻合。其他操作均与上两种方法相同。

3. 根接

根接是以根系作为砧木的一种嫁接方法。用作砧木的根可以是一个根段，也可以是完整的根。如果选择在露天地进行根接，可以选择生长较粗壮的根系，用劈接的方法嫁接；如果将根系切成数断根段，可以移入室内，在冬季时采用劈接、切接的方法进行嫁接，然后早春时种植到园地中。在采取根接这一方法时，如果接穗比根系细，则可以将接穗削好后直接插到砧木中；如果接穗比根系粗，可以选择把砧木插入接穗中，接好后绑扎保湿。

（四）嫁接后的管理

1. 去除绑扎物

绑扎物在嫁接中起着重要的作用，在植物嫁接成活后应根据嫁接方法的不同，在适当的时间去除绑扎物。绑扎物去除过早或过晚都不利于嫁接苗的生长。通常情况下，枝接法需要在接穗上新芽长至 2～3 cm 时，方可以去除绑扎物；而芽接法则需要在植物嫁接成活后的 20～30 d 后去除绑扎物。

2. 除去砧木上的蘖芽

植物嫁接成活之后，砧木上有时会萌发许多蘖芽，为了避免蘖芽与接穗争夺养分与水分，影响接穗的生长发育，应该及时除去砧木上的蘖芽。

3. 剪砧

剪砧，顾名思义，就是在植物嫁接成活后，将砧木剪除。剪口应在接芽上部约 0.5 cm 处，向芽的反侧略倾斜。剪掉砧木的嫁接苗则成为一株独立的新植株。

二、扦插繁殖

（一）扦插繁殖的概念与类型

1. 扦插繁殖的概念

扦插繁殖也是一种无性繁殖的方法，是通过截取植物的一段营养器官，插入湿润的土壤、沙或者基质中，利用其较强的再生能力，使其生根发芽，成为一株独立的新植株。扦插繁殖操作方法简便，形成的新植株变异性小，能够保留母体的优良性状，而且幼苗期短，能够迅速成苗，但扦插形成的新植株根系较弱、较浅，寿命短于实生苗，也短于嫁接苗。

2. 扦插繁殖的类型

按照取用器官的不同，扦插繁殖可以分为枝插、根插、叶插几种类型。

（1）枝插。枝插是指选用植物枝茎作为插条的一种扦插方式。枝插根据选用的材料不同，又可以进一步细分为嫩枝扦插、硬枝扦插和芽叶扦插。嫩枝扦插是以没有完全木质化的枝条作为插条；硬枝扦插则是指以完全木质化的枝条作为插条；芽叶扦插是指插条仅有1芽附1片叶，芽下部带有盾形茎部1片，或1小段茎，插入土壤或基质中，仅露芽尖即可，插后盖上薄膜，防止水分过量蒸发。

（2）根插。根插是指选用植物根系作为插条的一种扦插方式，常用于那些不适宜枝插的园艺植物。根插是利用植物根上能够形成不定芽的能力。宿根花卉和果树常运用这一方法，如芍药、剪秋罗、枣树、山楂树等。

（3）叶插。叶插是指选用植物叶片作为插穗的一种扦插方式。一般花卉植物选用叶插的方式，因为花卉植物大多具有粗壮的叶脉、叶柄，且叶柄或叶脉能够长出不定芽、不定根。根据叶片选用的方式，叶插又可以细分为全叶插与片叶插。全叶插是指以完整的叶片作为插穗；片叶插则是指将叶片分成数段，每一段都可以分别进行扦插。无论是采取全叶插的方式，还是采取片叶插的方式，都必须选用发育充实的叶片，这一点是需要注意的。

（二）影响插条生根的因素

影响插条生根的因素有内因与外因之分，内因包括植物的种类、母体及枝条的年龄、枝条部位等，外因则包括光照、湿度、温度等。

1. 内在因素

（1）植物的种类。不同的园艺植物，由于其生物学特征不同，所以扦插生根的能力也自然存在差异。非常容易生根的园艺植物有月季、南天竹、番茄等，较易生根的园艺植物有葡萄、杜鹃、石榴等，不易生根的园艺植物有核桃、米兰、板栗等。此外，同一种类的园艺植物，不同品种之间扦插生根的能力也存在一定的差异。因此，那些扦插生根能力较强的园艺植物可以采用扦插繁殖的方法，扦插生根能力不强的植物则应采取其他方法。

（2）母体及枝条的年龄。通常情况下，插条生根的能力与母体的年龄呈反比，即母体年龄越大，插条生根的能力越弱，而母体年龄越小则插条越容易生根。因此，在选择插条时，应该从年龄较小的母体上选取。另外，插条生根的能力也与插条自身的年龄有关。一般当年长出的枝条生根能力最强，因为嫩枝的细胞分生能力较强，生长素的含量较高，易于形成不定根。所以在选择扦插的枝条时，应该选择当年长出的枝条。

（3）枝条部位。发育充实的枝条，由于其营养物质比较丰富，所以扦插更易成活，生长态势也比较好。相对而言，主枝上的枝条发育较好，比较粗壮，生根能力更强；而侧枝上的枝条，尤其是多次分枝的侧枝，发育较差，生根能力也较弱。因此，应优先选用主枝上的枝条。

2. 外在因素

（1）光照。光照会抑制根系的生长，所以必须将插条的基部埋于土壤中避光，才有利于根系的发生。与此同时，避光有利于降低插条叶片的蒸腾作用，减少水分的流失。但完全避光又不利于插条叶片的光合作用，所以应给予适当的光照，但仍需避免阳光的直射。

（2）湿度。水分是插条生根的一个重要因素。由于插条插入土壤或基质时没有根系，所以无法顺利供给水分，而插条上的叶片又会因蒸腾作用失水，所以如果不及时补充水分，插条便会失水干枯，导致扦插失败。考虑到插条没有根系，所以除了维持土壤湿度，还应该保持较高的空气湿度，这样可以降低插条叶片的蒸腾作用，避免叶子失水萎蔫。

（3）温度。温度是影响插穗的一个外在因素。多数园艺植物插条生根的适宜气温为15～25℃，具体气温因园艺植物种类的不同而异。此外，插条生根除对气温有要求外，还对土壤温度有要求，一般土壤温度比气温高3～5℃时，有利于插条生根。

（三）促进插条生根的方法

1. 浸水处理

浸水处理是一种比较简单的处理方法，即在扦插前，将插条在水中浸泡一段时间，使插条充分吸水。同时，通过在水中浸泡，可以降低插条中抑制生根物质的含量，这有利于插条的生根。浸水时间以2～3 d为宜，最好使用流动水，如果没有流动水，应每天换水1～2次。

2. 机械处理

在园艺植物生长的季节，将选定的枝条基部进行环削或捆扎处理，捆

扎工具可选用铁丝、尼龙绳或麻绳,到园艺植物的休眠期再将枝条剪下。这样做的目的是阻止枝条上端的生长素以及营养物质向下运输,使枝条能够储存充足的养分,以促进其生根。

3. 加温处理

土壤温度略高于空气温度时,能够促进插条的生根,所以在扦插之后,可以适当地提高土壤温度,使其高于空气温度 3～5℃。

4. 使用植物生长调节剂

植物生长调节剂与植物激素具有类似生理和生物学效应。在扦插前,使用植物生长调节剂对插条进行处理,能有效提高插条的生根率,且根的长度与粗度也有明显的提高。处理方法有浸泡法与蘸涂法。

5. 杀菌剂处理

在扦插繁殖的过程中,插条感染细菌、腐烂是经常遇到的问题,尤其是那些生根期较长的园艺植物,更容易遇到此类问题。因此,为了防止插条感染细菌,可在进行植物生长调节剂处理的基础上,对插条进行杀菌剂处理。

三、压条繁殖

(一)压条繁殖及其优缺点

1. 压条繁殖的概念

压条繁殖是在枝条不与母株分离的情况下,将枝梢部分埋于土中,或包裹在能发根的基质中,促进枝梢生根,然后与母株分离成独立植株的繁殖方法。压条繁殖也是一种无性繁殖。有些园艺植物采取扦插的方式不易生根,这时便可以采取压条的方式。因为在枝条生根之前,其母体仍旧可以为枝条提供水分、养分以及生长激素,所以更容易促进枝条的生根。当然,扦插易生根的园艺植物也可以采取压条的方式。

2. 压条繁殖的优缺点

压条繁殖作为一种无性繁殖的方式,具有以下优点。

（1）压条繁殖可以在露天地进行，因为母株可以提供水分、养分以及生长激素，所以无须像扦插繁殖那样准备加温或加湿设备。

（2）压条繁殖形成的压条苗具有比较发达的根系，具有较强的抗逆性和适应性，所以成活率高，且移植方便。

（3）压条繁殖成苗快。如果建立良好的便于机械化操作的园地，便可以实现较大规模的生产，在较短时间内生产出大批量所需要的独立的新植株。

压条繁殖除具有上述优点外，也具有一些缺点：压条繁殖技术在压条及采条时需要技术性较强的操作人员，有时比其他无性繁殖手段更费人工；压条育苗需要大量用地，且苗木规格很难统一；土传疾病、线虫、啮齿动物等对压条危害较大。这些缺点的存在都使压条繁殖不能成为一种十分完美并在任何条件下都可运用的无性繁殖方法。

（二）压条繁殖的方法

压条繁殖常用的方法有三种：直立压条、曲枝压条和空中压条。

1. 直立压条法

直立压条又被称为培土压条或垂直压条。具体操作如下：一般在早春萌芽之前，对母株进行平茬截干，灌木可从地际处抹头，乔木可于树干基部刻伤，促其萌发出多根新枝；等到新枝长到30~40 cm长时，便可以进行堆土压埋；秋末，将生根的枝条剪下，成为独立的新植株。玉兰、无花果、樱花、石榴等，均可以采取直立压条的方法进行繁殖。

2. 曲枝压条法

曲枝压条法又称低压法。凡枝条柔软的花木，如无花果、树莓、葡萄、桂花、迎春、夹竹桃、茉莉等可采用曲枝压条。方法如下：将植株基部的枝条弯成弧形，将圆弧部分埋入土中，再将土压实或埋土后压一块砖头或石块，以免枝条在生根前弹出土外。埋入土中的部分也要刻伤或做环状剥皮，充分生根后剪离母株。由于曲枝方法的不同，这一方法又可细分为普通压条法、水平压条法和先端压条法。

（1）普通压条法。一些藤本园艺植物如葡萄可采用普通压条法。具体操作如下：从母株选取靠近地面的枝条，将枝条的中下部下压，然后在下压处挖沟，并将枝条进行环剥处理之后埋入沟中，枝条顶端露在沟外，秋末将

枝条与母株分离，得到独立的新植株。

（2）水平压条法。水平压条法的核心在于"水平"二字，即在压条之初，将压条压入约 5 cm 的浅沟，上面覆盖一层薄土，然后用枝杈固定，这时枝条接近水平状态。等到枝条长长 15～20 cm 时进行第一次培土，培土高度约为 10 cm；等到枝条长长 25～30 cm 时，进行第二次培土，培土高度约为 20 cm。秋末时，将枝条与母株分离，得到独立的新植株。

（3）先端压条法。一些园艺植物的枝条顶芽既能长出新梢，又能在新梢基部生根，可采用先端压条的方法。具体操作如下：在早春时，将枝条的上端剪截，促使其萌发更多的新梢，待夏季新梢停止生长后，便可以将枝条的先端压入土中，待压条生根后，便可以将其剪离母株，形成独立的新植株。采取这一方法时，要注意枝条先端压入的时间，时间过晚，根系生长较差；时间过早，新梢不能形成顶芽而继续生长。

3. 空中压条法

空中压条法又被称为高压法，这种方法操作简单，且成活率高，缺点是对母株的伤害较大。空中压条法在园艺植物的每个生长季都可以进行，但选在春季更为适宜。具体操作如下：选取生长较为充实的二年生或三年生的枝条，在压条部位进行环剥处理，然后在环剥部位涂抹 5 000 mg/L 的吲哚丁酸或萘乙酸，以促进环剥伤口的愈合，随后再于环剥处用塑料薄膜包裹，包裹处敷以保湿生根基质。生根后，即可剪离母株，形成独立的新植株。

（三）压条后的管理

无论采取哪种压条方法，压条后的管理与养护都对促进枝条生根具有非常积极的作用。具体而言，压条后的管理包括以下几个方面。

1. 水分管理

虽然母株能够为压条提供水分，但保持土壤适度湿润，也有利于压条的生根。土壤干燥时，压条生根较慢；土壤水分含量过大时，又容易出现烂根的问题，影响成活率。因此，要保持土壤的适度湿润。通常情况下，土壤水分含量保持在田间持水量的 60%～80% 之间为宜。

2. 培土管理

在完成压条操作之后，可能会由于种种原因导致压条苗的根系暴露，如固定物松弛、雨水或浇灌导致压条弹出等，这时就需要进行培土保护，将枝条重新压入土壤中。

3. 除草管理

在压条生根发芽期间，周边的杂草会争夺压条的水分与养分，所以需要拔除周边的杂草。由于压条在生根发芽期间根系较弱，为防止挖断压条的根系，不能采用机械除草的方法，只能用手拔除。

4. 施肥管理

根据压条生长情况，可适当喷洒植物生长调节剂，以促进压条的生根。在压条生根之后，可适量施肥，以促进枝条的生长发育，为从母株中分离做好准备。

5. 压条分离

压条分离之前要观察根系的生长情况，必须保证根系生长情况良好才能从母株中剪离。剪离后，应注意对新植株的保护，注意光照、浇水、施肥，同时注意土传病害对新植株的危害。

四、分生繁殖

（一）分生繁殖的概念及时间选择

1. 分生繁殖的概念

分生繁殖是指利用植物自然产生的特殊的变态器官进行繁殖的方式，即人为地将植物体分生出来的幼植体（吸芽、珠芽、根蘖等），或者植物营养器官的一部分（变态茎等）进行分离或分割，脱离母体而形成若干独立植株的办法。此种方法操作简便，新植株容易成活，在观赏类园艺植物的繁殖上应用较广。分生繁殖的生物学原理是依靠植物体自然形成的带根的小植株，或植株上产生一些无性特殊器官进行繁殖。小植株已是一个完整的小个体，特殊器官则往往是植株的一种变态形式，具有在一定情况下长成一个正常植株的能力。通过分生繁殖得到的植株被称为分生苗。

2.分生繁殖的时间选择

分生繁殖的时间选择可从以下几点做出思考。

（1）大多数露地宿根花卉最好在春季进行分株，因为春季植株的生长势强，容易适应新环境。秋季分株应在植物的地上部分进入休眠，而根系仍未停止活动时进行，如芍药要在秋季分株，入冬前必须长出一些新根。

（2）室内盆栽宿根花卉最好结合换盆进行分株，春季开花的草本花卉宜于秋冬休眠期分株，秋季开花的花卉宜在早春分株。

（3）球根花卉在秋季时分球，或在春季栽培前进行。

（4）露地落叶花木在华南地区可在秋季落叶后进行，因为南方的空气湿度较大，土壤一般不结冻，有些花木可在入冬前长出一些新根，冬季枝梢也不容易抽干；而北方一般须在早春进行。

（5）露地常绿花木在冬季大多停止生长而进入半休眠状态，这时树液流动缓慢，因此应在春季分株。

（6）室内常绿花木分株最好在春季旺盛生长前进行。生长快的每年进行1次分株；生长缓慢的数年进行1次分株，如苏铁等。

（二）分生繁殖的种类

依据植株营养体的变异和来源不同，可将分生繁殖分为分株繁殖与分球繁殖两类。

1.分株繁殖

分株繁殖是将一株母株分成若干丛，每一丛都具有根、茎、叶、芽等器官，然后把每一丛另行栽植，得到若干株新植株的方法。该方法适用于从基部便产生丛生枝的园艺植物，如兰花、菊花等花卉植物。依据发枝的来源，分株繁殖又可以分为以下几种。

（1）根蘖。有些园艺植物从根部长出不定芽，这些不定芽伸出地面形成新的小植株，这些植株就是根蘖，如牡丹、石榴、丁香、泡桐等。将根蘖与母株分离之后能够得到独立的新植株。

（2）匍匐茎。匍匐茎是指匍匐在地面上生长的茎。匍匐茎是一种特殊的茎，其节间较长，而且每个节都可以生出不定根、叶和芽，在春季萌发前或秋后将其与母株分离，便可以得到独立的新植株。

（3）吸芽。一些园艺植物在生长期间，会从地下茎节上长出吸芽并生根，待吸芽长到一定高度后，便可以将其与母株分离，得到独立的新植株。

采用分株繁殖法时有以下几点需要注意：分离根蘖苗和茎蘖苗的时候，一定要保证其根系发育良好；从母株中分离时，为保证母株的正常生长，要避免对母株根系造成过多的损伤；新植株分离之后应剪去老根和病根，以保证新植株移植后的正常生长。

2. 分球繁殖

分球繁殖是指利用园艺植物具有贮藏功能的地下变态器官进行繁殖的一种方法。依据地下变态器官的种类不同，可分为以下几种。

（1）根茎：由多年生植物的茎变态而成的卧于地下的茎，其外形与根相似，具有明显的节与节间，且节上有退化的鳞叶、顶芽和腋芽。用根茎繁殖时，可将其切分成数段，每段上应有2~3个芽，节上可长出不定根，继而长成新的植株。

（2）块茎：由茎的侧枝变态而成的短粗的肉质地下茎。这类茎通常呈不规则的块状，贮藏组织非常发达，能贮藏丰富的营养物质。另外，块茎表面有许多的芽眼，每个芽眼内有2~3个腋芽，其中的一个腋芽容易萌发，长出新枝。用块茎繁殖时，可以直接栽植，也可以分成数段栽植，都能够长成新的植株。

（3）球茎：由植物地下茎的顶端或茎基部膨大形成的球状、扁球形或长圆形的变态茎。球茎的顶端长有顶芽，节与节间明显，且节上长有腋芽，并可长出不定根。繁殖时同样可以直接栽植，也可以切分成数段栽植。

（4）鳞茎：扁平或圆盘状的地下变态茎，上面长有肥厚的鳞叶，鳞叶之间长有腋芽，腋芽中可以长出一个或多个子鳞茎。用鳞茎繁殖时，可将子鳞茎分出栽植而形成新的植株。

（三）分生繁殖后的管理

园艺植物分生繁殖时，为了促进母株产生更多的根蘖和茎蘖，可以进行切根或平茬处理，从而提高分生繁殖的效率。相较于扦插繁殖与嫁接繁殖来说，分生繁殖形成的分生苗具有良好的根系，所以成活率更高，但为了促进分生苗移植后的生长发育，定植后应浇足定植水，并根据周围环境及植株的生长发育情况适时地浇水、遮阳、施肥以及防治病虫害。

五、组织培养繁殖

（一）植物组织培养的概念、原理及其类型

1. 植物组织培养的概念

植物的组织培养是指通过无菌操作，把植物体的器官、组织或细胞（外植体）接种于人工配制的培养基上，在人工控制的环境条件下培养，使之生长、发育成植株的技术与方法。由于培养物脱离母株在人工配制的培养基上培养，所以又被称为离体培养。

2. 植物组织培养的原理

园艺植物之所以可以采取组织培养繁殖的方式，是基于植物细胞的全能性。植物细胞的全能性是指植物的每一个细胞都包含着该物种全部的遗传信息，具备发育成完整植株的遗传能力。为什么植物细胞具有全能性呢？一个植物体的全部细胞，都是从受精卵经过有丝分裂产生的。受精卵是一个特异性的细胞，它具有本种植物所特有的全部遗传信息。因此，植物体内的每一个体细胞都具有和受精卵完全一样的 DNA 序列和相同的细胞质环境。当这些细胞在植物体内的时候，由于受到所在器官和组织环境的束缚，仅仅表现一定的形态和局部的功能。可是，它们的遗传潜力并没有丧失，全部遗传信息仍然被保存在 DNA 的序列之中，一旦脱离了原来器官组织的束缚，成为游离状态，在一定的营养条件和植物激素的诱导下，细胞的全能性就能表现出来。于是，就像一个受精卵那样，由单个细胞或离体组织形成愈伤组织然后成为胚状体，再进而长成一棵完整的植株。

3. 植物组织培养的类型

外植体是指从母株体上取下来用于组织培养的初始材料。依据外植体的来源，组织培养可分为以下几种类型。

（1）植株培养：指针对幼苗或较大植株进行培养的方法。

（2）胚胎培养：指针对植物体内成熟或未成熟的胚进行培养的方法，常用的胚胎材料有胚、胚乳、胚珠、子房。

（3）器官培养：指针对植物器官进行培养的方法，植物的六大器官——根、茎、叶、花、果实、种子都可以作为器官培养的材料。

（4）组织培养：指针对构成植物体的各组织进行培养的方法，输导组织、分生组织、薄壁组织等都可作为组织培养的材料。

（5）细胞培养：指针对植物细胞（包括单细胞、多细胞与悬浮细胞）进行培养的方法，根尖细胞、叶肉细胞、韧皮细胞都可作为细胞培养的材料。

（6）原生质培养：指针对去除细胞壁的原生质进行培养的方法。

（二）植物组织培养的步骤

1. 配制培养基

培养基作为供给培养物的营养基质，是组织培养的基础，所以配制培养基是组织培养的第一步。配制培养基有两种选择：一是直接购买混合好的培养基粉剂，此法花费较高，但节约时间与人力；二是购买培养基配制所需的化学药品，自行配制，此法花费较少，但浪费时间与人力。

2. 灭菌

组织培养需要在无菌的环境下进行，因为培养基含有丰富的营养，非常适合杂菌的生长，一旦发生杂菌污染，杂菌将快速繁殖，而培养基内的营养物质很快就会被细菌耗尽。此外，植物组织离开母株后，其生存能力非常弱，一旦发生杂菌感染，很容易死亡。因此，灭菌这一步至关重要。在这里笔者为什么用"杂菌"这个词？因为组织培养中要灭的"菌"，不仅包括细菌，还包括真菌、放线菌及其他微生物。在植物的组织培养中，一般采取物理或化学的方法灭菌。物理方法如湿热（常压或高压蒸煮）、干热（烘烧和灼烧）、射线处理（紫外线、超声波、微波）、过滤、清洗和大量无菌水冲洗等措施，化学方法是使用升汞、甲醛、漂白粉、次氯酸钠、过氧化氢、高锰酸钾、抗菌素、酒精等化学药品处理。具体选用哪种方法或药剂，应根据组织培养的类型做出适当的决定。

3. 接种

接种是对植物体的器官、组织或细胞进行无菌处理并放入培养基的过程。由于接种需要敞口进行，所以容易发生污染，因此要对接种室进行严格的灭菌、消毒处理。与此同时，接种的过程中要做到无菌操作，具体可遵循以下步骤。

（1）将从植株上切割下的材料放入烧杯中，灭菌处理后放置到灭菌的纱布上。

（2）用镊子、解剖刀等工具对材料进行再次的切割，将其切割成所需大小，如叶片可切割成 0.5 cm² 的小块。在切割的过程中，要注意灼烧工具，防治交叉感染。

（3）将切割好的材料放置到培养基上。

4. 培养

培养指把培养材料放在培养室（无光、适宜温度、无菌）里，使之生长、分裂和分化形成愈伤组织，在光照条件下进一步分化成再生植株的过程。根据培养基固化性质的不同，培养方法可分为固体培养法与液体培养法。固体培养法指用固化培养基来培养植物组织的方法，是比较常用的方法。该方法操作比较简便，但由于固化的培养基养分分布不均，容易出现培养材料生长速度不均衡的现象，而且常有褐化中毒现象发生。液体培养法是指在不加固化剂的液态培养基中培养植物组织的方法。液体培养基中营养物质的分布比较均匀，所以不会出现植物材料生长速度不均的情况。但由于液体的溶氧量较少，所以需要采取振动培养液的方式，以保证氧气的供给。

5. 移栽

移栽是植物组织培养的最后阶段，如果移栽工作做不好，便会前功尽弃。由于组织培养的前几个阶段是在无菌环境下进行的，而且营养供给、温湿度、光照等条件都是非常适宜培养苗生长的，但移栽到自然环境下，其环境条件会发生很大的变化，所以需要进行炼苗，如采取控水、控肥、控温等措施，促使培养苗发生形态、组织上的变化，从而更加适应自然环境，进而提高移栽的成活率。

第三节　园艺植物的栽植

一、果树的栽植

（一）果树栽植的方式

园艺植物栽培中经常采用的栽植方式有五种：长方形栽植、正方形栽植、带状栽植、计划密植和等高密植。在实际操作中，需要结合园地实际情况采取适宜的栽植方式。

1. 长方形栽植

长方形栽植的行距大于果树间的距离，该种栽植方式便于机械耕作，管理相对方便，且通风透光性好。通常情况下，行向以南北为宜，这样有利于果树均匀受光。

2. 正方形栽植

正方形栽植的行距与果树间的距离相等，果树与果树间呈正方形排列。该种方式同样便于管理，光照条件较好。但此种栽植方式不适用于密植果园，因为果树树冠会形成郁闭，导致果树受光较差。

3. 带状栽植

带状栽植通常以两行为一带，带与带之间的距离较宽，而处于同一带的两行之间的距离较窄。由于带间距离较宽，所以带间受光较好，但带内受光较差，而且由于带内距离较窄，管理稍有不便。此种栽植方法适用于矮化密植。

4. 计划密植

计划密植是指先密后稀的一种栽植方式。因为稀植果园前期对空间的要求不高，为了提高果园整体的利用效率，可以在永久植株间种植一些结果较早的果树，作为临时性的植株。当永久植株树冠之间开始郁闭之时，可以铲除已经摘除果实的临时性植株，从而降低果园植株的密度。

5. 等高栽植

处于丘陵地区的果园可以采用等高栽植的方式，即果树按照一定的株距沿等高线进行栽植，这样有利于水土保持。

（二）果树栽植的时期

果树的栽植时期可选在春季萌芽前，也可选在秋季落叶后，具体应根据果树苗木、气候条件以及栽植准备情况而定。

1.春栽

春栽一般在土壤解冻后,枝条萌芽前进行。春栽宜早不宜晚,如果时间过晚,果树的成活率会受到影响。春栽要及时对果苗灌水,尤其在干旱的气候条件下,更需要及时灌水,以提高果苗的成活率。

2.秋栽

秋栽一般在霜降后,土壤冻结前进行。秋季栽植的果苗在翌年春季土壤解冻后,由于根系发育较早,能够及时吸收水分与养分,成活率较高,且果苗生长发育较好。但对北方地区来说,由于冬季气候寒冷、干燥,容易发生冻害,所以秋栽后要采取必要的防寒措施,如包草、埋土、套塑料袋等方式,以有效保护果苗越冬。

（三）果树栽植的密度

栽植密度是指单位面积内（通常指每亩）果树栽植的株数。合理的栽植密度能有效提高单位面积果树的产量。所谓合理的栽植密度,简单来说就是在不影响果树结果的基础上（包括果树结果的数量与质量）,单位面积上栽植数量最多的果树。不同品种的果树,其栽植密度也会有差异,所以需要了解所要栽植果树的生理特点,才能确定合理的栽植密度。笔者在此以北方常见的梨树、杏树和桃树为例,列举出其合理的栽植密度,见表4-1。

表4-1 北方几种常见果树的合理栽植密度

果树种类		行距丨株距/m	株数/亩
梨树	普通型	3～6丨4～5	22～55
	短枝型	4～5丨3～4	33～55
杏树		6～7丨4～5	19～28
桃树		4～6丨2～4	27～83

注：1亩 ≈ 666.67 m²。

（四）果树栽植的方法

果树栽植质量的高低影响着果树的成活与否,也在一定程度上影响着果树后续的生长发育。在果树栽植之前,先进行栽植穴土壤的回填,即将部分表土与有机腐熟肥料搅拌均匀，填入穴内，并立即压实灌水。栽植时，须将幼苗大根伤口剪平，再放入坑的中央，使根系充分伸展，不可扭曲。然后，培以疏松肥沃的土压实，并将幼苗轻轻地上下提动，与土壤密接。栽后立即灌定根水，灌足灌透。最后，将新土填在表面，封土保湿。为了方便灌水并使水储存在果苗的四周，可以在果苗的四周用土壤围成直径约 1 m 的定植圈。栽植果苗时有一点需要注意，幼苗的栽植不能过深，也不能过浅，以根颈部与沉实后的土壤相平为宜。

二、蔬菜的直播与定植

（一）蔬菜的直播

1. 蔬菜播种前的土壤耕作

土壤耕作就是通过农具的物理作用，改善耕种层土壤的结构，调节耕种层土壤的水、肥、气等因素，从而为蔬菜的播种提供良好的土壤环境。同时，通过土壤耕作，可以清除土壤中的残根、落叶和杂草，保持土壤的平整和清洁。具体而言，土壤耕作包括以下内容。

（1）耕翻。耕翻是指通过翻动土壤的方式，实现耕种层土壤上下空间的易位。必要的情况下还可以进行深耕。耕翻土壤有利于增加土壤的蓄水能力与蓄肥能力，而且有利于消灭杂草，缓解土壤板结。一般耕翻的深度在 25 cm 以下，耕翻的同时可以施用有机肥。

（2）做畦。耕翻土壤之后，需要整地做畦，目的是便于控制土壤中的水分含量，改善土壤通气条件。常见的畦有平畦、低畦、高畦和垄四种类型，具体选择哪种类型，应依土壤条件、栽培的蔬菜种类、当地的气候条件等因素而定。

2. 蔬菜播种前的种子处理

为了保证出苗整齐、迅速，增强蔬菜幼苗的抗性，提高蔬菜产量，在播种前一般会对蔬菜种子做一些处理工作，其中浸泡和催芽处理是最为重要的两项内容。

（1）浸泡。种子萌发需要充足的水分，而浸泡种子的目的就是为了使种子在播种之前能够吸收充足的水分，从而提高种子萌发的速度。由于不同种子的渗透性不同，吸收充足水分所需要的时间也有差异，在具体的操作

中，要掌握好浸泡的时间。时间过短，种子吸水不足，会影响萌发的速度；浸泡时间过长，种子内的营养物质会被浸出，也会影响种子萌发的速度。在浸泡种子时，也可以在水中加入适量的激素，这有助于种子的萌芽。

（2）催芽。催芽是待种子吸收充足的水分后，将种子置于适宜的湿度、温度和通风条件下，以促进种子迅速萌芽的一种措施。具体操作如下：将浸泡的种子取出，用清水冲去种子外部黏附的黏液，然后平铺到一层或两层潮湿的洁净纱布上，上面再覆盖一层潮湿的洁净纱布，最后置于适宜的地方催芽。当有70%～80%的种子萌芽后，即可停止催芽。不同蔬菜种类的种子，其催芽的时间也不同。下面，笔者便以北方常见的几种蔬菜为例，列举其浸泡、催芽的适宜时间与温度，见表4-2。

表4-2　北方几种常见蔬菜种子浸泡、催芽的适宜时间与温度

蔬菜种类	浸泡 水温/℃	浸泡 时间/h	催芽 温度/℃	催芽 时间/d
番茄	25～30	10～12	25～28	2～3
茄子	30	20～24	28～30	6～7
黄瓜	25～30	8～12	25～30	1～1.5
辣椒	25～30	10～12	25～30	4～5

3. 蔬菜的播种

（1）播种时期。蔬菜种子播种时期选择的原则是，使蔬菜产品器官生长旺盛的时间段处在适宜的季节里（适宜的气候条件下），而其他时间段（如幼苗期、产品器官生长后期）放在其他月份里，从而提高蔬菜的产量与质量。依据蔬菜生长对光照和温度的需求，蔬菜种子的播种可分为春播和秋播。一些耐寒性的蔬菜，如白菜、胡萝卜、花椰菜等可选择秋播的方式；喜温的蔬菜，如茄子、菜豆等可选择春播。此外，有些蔬菜对温度和光照的要求不严格，可以在任何季节播种，如四季萝卜、葱、菠菜。

（2）播种方式。常见的播种方式有撒播、条播和点播三种。关于这三种播种方式，在本章第一节中已有论述，在此笔者便不再赘述。

（3）播种方法。播种方法有干播和湿播两种。干播即播种前不浇水，一般湿润地区或湿润季节可采用此种方法。干播操作简单，播种速度快，但受气候影响较大，如果播种后又管理不当，会影响种子的出苗率，从而导致出苗不均。湿播即在播种前浇水，以使土壤有较高的水分含量。由于土壤水分含量高，所以出苗率高，但操作相对复杂，比较耗费工时。

（二）蔬菜的定植

蔬菜定植是指蔬菜幼苗生长到一定阶段后，将蔬菜移植到田地里生长的过程。定植的目的有二：一是为了给蔬菜提供更多的生长空间，二是为了使蔬菜更好地进行光合作用。

1. 蔬菜定植的时期

蔬菜定植时期应依据地区气候特点以及蔬菜种类而定。通常情况下，喜温性蔬菜应在地面断霜，地温（土壤 10 cm 深处）在 10～15℃时为宜；耐寒性蔬菜地温（土壤 10 cm 深处）在 6～8℃时为宜。如果在设施内定植，定植时期可适当提前，但要满足蔬菜幼苗生长发育对环境的最低要求。

2. 蔬菜定植的密度

由于不同种类蔬菜的株型、开展度不同，所以为了使蔬菜生长后便于管理，且能够充分地受光和通风，应依据蔬菜种类的不同确定不同的定植密度。一般爬地生长的蔓生蔬菜定植密度应小，直立生长或支架栽培蔬菜的密度应大；丛生的叶菜类和根菜类密度宜小；早熟品种或栽培条件不良时，密度宜大，而晚熟品种或适宜条件下栽培的蔬菜密度应小。合理的定植密度能够最大限度地利用水、土、肥、气等环境条件，在保证质量的前提下，提高蔬菜的产量，从而实现效益的最大化。

3. 蔬菜定植的深度

定植的深度因蔬菜种类的不同而异。例如，茄子属于深根性蔬菜，且根系数量较少，为了增强其根的支持能力，定植深度应较大；而黄瓜属于浅根性蔬菜，且对水分的需求量较大，所以为了便于其根系吸水，应浅植。此外，定植深度还与季节有关。由于春季气温较低，定植深度过大不易发根，所以适宜浅植；而夏季温度较高，定植可以深一点。

4. 蔬菜定植的方法

常用的定植方法有明水定植法与暗水定植法两种。

（1）明水定植法。整地做畦后，按照沟或穴栽苗，覆土后按畦统一浇水，这种方法便是明水定植法。该方法由于浇水量大，所以降低地温的作用明显，适合在高温季节使用。

（2）暗水定植法。暗水定植是在开沟或挖穴后，先浇水，同时栽苗，等到水下渗后再覆土。当然，在暗水定植的过程中，栽苗后也可先少量覆土，将土压实后再浇水，等到水下渗后，再覆土到要求的厚度。这种做法既能保证土壤水分含量，又可以保持较高的地温，有利于定植苗根系的生长。

5.定植后的缓苗

蔬菜幼苗定植到田地后，由于根部或多或少受到损伤，再加之环境条件的变化，定植初期幼苗的成长情况很差，经过一段时间后，才恢复正常的生长态势，这一过程称为定植后的缓苗。缓苗时间越短越好，所以出现缓苗后，为了缩短缓苗时间，可以采取以下措施。

（1）浇定根水，如果浇水后出现倒苗、浮苗现象应及时扶正。缓苗成功后要注意控水。

（2）浇水时可追施菌肥促进缓苗，也可以在整地时加入生物菌。生物菌对根系有很大的保护和促生长作用，适量的生物菌肥可促进苗的快速扎根，同时能够抑制根部病害的发生。

（3）定植后进行首次中耕松土，以改善土壤透气条件，促发新根。因定植缓苗期间根系未扎牢固，所以松土要浅，根系周围不松土，以免碰伤植株和根系。

（4）缓苗期间不要喷施任何叶面肥，所有肥料对叶面都有一定的灼伤作用，缓苗后新叶展开第三片后可喷施补肥。

（5）缓苗期间，由于幼苗对药剂的抵抗能力较弱，因此有一些药剂不能使用或者不能按照开花坐果期时的浓度使用，尽量多用保护性药剂。

三、花卉的移植

（一）露地花卉的移植

露地花卉除少数不宜移植的采取直播的方式外，多数花卉都是先在育苗床育苗，然后移植于花圃或畦中。通过花卉的移植，可以扩大花卉的株距，使花卉获得足够的光照、空气与养分，从而促进花卉的生长。同时，花卉移植过程中，通过切断花卉的主根，可以促进侧根的生长，形成比较发达的浅根系。发达的根系有利于花卉的生长，而浅根系有利于花卉的再次移植。

1. 整地

移植前需要先整地，即对土壤进行翻耕做畦处理。翻耕土壤有助于改善土壤的物理结构，使土壤疏松透气，促进微生物的活动，从而提高土壤的保水性与保肥性。翻耕的深度应根据土壤情况以及花卉的种类而定。沙土翻耕宜深，黏土翻耕宜浅。一二年生花卉栽植宜浅，所以翻耕深度在 20～30 cm 即可；球根花卉因为其根系发达，栽植宜深，所以翻耕深度应达到 40～50 cm。做畦方式同样有平畦、低畦和高畦三种类型，具体选择哪种类型，应依土壤条件、栽培的花卉种类、当地的气候条件等因素而定。

2. 移植

为了保证花卉移植的存活率，一般在苗株生长 5～6 枚真叶时进行，且选在无风阴天或晴天的傍晚，此时水分蒸发较小，苗株不易失水萎蔫。花卉移植包括起苗和定植两个阶段。起苗是将苗株从育苗床上挖出，定植便是将其栽植到苗圃中。移植方法有带土坨移植和裸根移植之分。带土坨移植指起苗的过程中根部带有完好的土球，此法适用于比较大的苗株以及不易成活的花卉；裸根移植指起苗时根部不带完整的土球，仅在根系中心部位保留"护心土"，此种方法适用于小苗株以及容易成活的花卉。移植后，需要及时浇水缓苗，并且要避免强光照射，以免蒸腾量过大，引起苗株的萎蔫。

（二）花卉的容器移植

两种情况下会进行花卉的容器移植：一是为了使花卉在寒冷的气候条件下继续生长发育；二是将花卉移植到容器中，用以观赏。无论因为哪种原因进行花卉的容器移植，都会涉及容器、培养土以及上盆、换盆等内容。

1. 容器

（1）釉盆。釉盆外形美观，常绘有各种图案，适合作为室内装饰用盆。但由于这种盆水分及空气的流通不畅，不适宜花卉的生长，所以可以配合花卉作套盆使用。

（2）瓦盆。瓦盆又被称为素烧盆，在 800～900℃ 的高温下烧制而成，是目前广泛使用的一种花卉栽培容器。瓦盆虽然质地粗糙，但具有良好的通气和排水性能，适宜花卉的生长，同时又因为其价格低廉，所以应用非常广泛。

（3）塑料盆。塑料盆的材料是聚氯乙烯，制造过程中可以根据需要制作出各种造型、各种颜色的盆，以更好地和花卉相匹配，从而提升花卉的观赏价值。塑料盆清洗方便，轻巧，可长途运输，也能够长期、多次地使用。

（4）木盆。木盆制作一般选择质地坚硬，不易变形和腐烂的木质材料，其形状可方可圆，但为了倒土方面，无论哪种形状，都应该做上大下小的样式。木盆外可刷漆，一方面美观，另一方面可以防腐。盆底需要设计排水孔，以便于排水。

（5）水养盆。水养盆是专门用以栽培水生花卉植物的容器，盆面通常浅而阔，且盆底无须设计排水孔。

（6）吊盆。吊盆是指用尼龙绳、金属链等工具将花盆吊起来，可作为室内装饰。质地轻的塑料盆或者藤制的吊篮适宜作为吊盆使用，既美观，又安全。

2.培养土的配制

花卉移植到容器后，由于容器的空间有限，能够提供给花卉生长的营养也相应地受到限制，如果使用自然界中的土壤，将很难满足花卉生长的需求，所以需要人工配制培养土。配制的培养土需满足以下要求：土壤疏松，通气性良好，营养物质丰富，有一定的保水、保肥能力，多次浇水后不板结。只有满足上述要求，花卉移植到容器中才能良好地生长。

不同种类的花卉植物，对盆土的要求也有差异。目前，盆土配制主要有三种类型，其配制比例如下。

（1）黏性培养土：自然土6份，腐叶土2份，河沙2份。

（2）中性培养土：自然土4份，腐叶土4份，河沙2份。

（3）疏松培养土：自然土2份，腐叶土6份，河沙2份。

通常情况下，幼苗移植选用疏松培养土，宿根花卉、球根花卉选用中性培养土，木本花卉植物选用黏性培养土。无论配制哪种培养土，为了避免土传病害，培养土的配制材料都要进行消杀处理。

3.上盆、换盆与翻盆

（1）上盆。上盆就是将花卉移植到花盆内。上盆前，需要根据花卉的大小选择大小合适的花盆，一般遵循"小花栽小盆，中花栽中盆，大花栽大盆"的原则。上盆时，要先堵住排水孔，在花盆底部垫上2～3 cm厚的培养土，并撒入有机肥，然后用培养土盖住肥料，并将花卉栽入盆中，继续加入培养土，直至将根系全部埋住，随后轻轻提动花卉，以使其根系舒展，最后轻压土壤，使根系和土壤密接。上盆后，需要立刻浇水，可分多次浇水，直至盆地排水孔有水流出，然后置于避光处，4～5 d后可逐渐见光。

（2）换盆。宿根类花卉定植到花盆中一定时间以后，根群充满整个花盆，没有伸展的余地了，或者花盆中的培养土经过一定时间以后物理性能变劣、养分减少时，就需要换盆再植。一般来说，换盆次数越多，植株生长越健壮。换盆时间宜在秋季植株生长即将停止时或早春枝条未萌发前进行。在植株出现花蕾时，切忌换盆。换盆前一两天要先浇水一次，使盆土不干不湿。用小竹片将盆壁四周土壤拨松，用左手按住盆而土向下倒，以右手拇指从底孔推动盆里土壤，则可将植株从原盆中倒出，倒出之后剪掉一些根须和老弱枝叶，也可同时进行分株，最后按照上述上盆的方法定植，换盆即完成。

（3）翻盆。只更换培养土不更换盆的情况称为翻盆。翻盆多见于多年生花卉植物，因为经过较长时间的养护，盆内营养土的质地变差，透气、排水性能降低，养分也缺乏，所以多年生花卉植物一般2～3年需要进行一次翻盆。翻盆前要保证土壤的干燥，易于取出植株和倒出盆内的旧土，旧土不宜全部倒出，应少量保留，这样对植株的影响最小。

第五章 园艺植物的栽培管理

第一节　园艺植物的田间管理

一、间苗、定苗与补苗

(一) 间苗

1. 间苗的概念

间苗是指在园艺植物种子出苗过程中或完全出苗后到定苗前，采用人为的方法将苗床或直播行（穴）内计划之外的幼苗拔除或移出，使所留幼苗株行距更合理的过程。如图 5-1 所示，就是在对蔬菜进行间苗。在园艺植物播种的过程中，为了保证较高的出苗率，播种量通常会超出留苗量，所以当种子萌发出芽后，经常会出现幼苗拥挤的现象。为了保证幼苗有足够的生长空间，也为了保证幼苗有足够养分用以生长发育，就需要及时拔除一部分幼苗，留下生长态势良好的幼苗，从而使空气流通，使幼苗接受到充足的光照，并有合理的营养面积，从而保证幼苗健壮生长。

图 5-1　间苗

2. 间苗的次数与时间

间苗的次数与时间应根据园艺植物的种类、密度而定。通常情况下，间苗次数以 2～3 次为宜。第一次间苗，主要目的是降低幼苗的密度，使幼苗之间的距离维持在 2～3 cm；第二次和第三次间苗主要是剔除过大、过小以及病弱苗，使幼苗之间的距离扩大到 6～7 cm。至于间苗时间，木本观赏植物应根据树木的生长态势与生长特征而定，慢生树种一般可在树苗长高到 2 cm 与 5 cm 时各间苗一次；中速生树种可在苗高 5 cm 与 10 cm 时各间苗一次；速生树种由于生长速度较快，需要及时间苗，且一般只间苗一次。对花卉、蔬菜等草本类园艺植物来说，第一次间苗可在出现 1～2 片真叶时进行，第二次间苗与第一次间苗间隔 10～20 d，第三次间苗与否可视幼苗生长情况而定。

3. 间苗的方法

间苗有人工间苗和机械间苗两种。人工间苗经济成本较低，但时间成本较高，且效率相对低下。由于幼苗根系较弱，为了不伤及其他幼苗的根系，在间苗时可以一只手轻轻按住其他幼苗，另一只手将要拔除的幼苗轻轻拔出。如果所拔幼苗不作他用，也可以用剪刀剪去幼苗子叶以下的上胚轴，这样免去了拔除的过程，效率更高。机械间苗则是采用间苗机去除苗行中多余的幼苗。按工作原理，分机械定距式和传感识别式。前者由转动的刀齿或往复运动的叉齿按设定株距除去多余的苗，适于出苗均匀整齐的地块；后者则经传感器识别后，指令除苗部件在一定株距范围内除去不合格苗。

4. 间苗的注意事项

（1）时间宜早不宜晚。幼苗密度如果超出合理的栽培密度，幼苗之间会争夺土壤中有限的养分，这样便会影响幼苗的生长，所以第一次间苗的时间宜早不宜晚，要及时降低幼苗的密度。

（2）及时除草。杂草也会争夺土壤中的养分，所以在间苗的同时须除去苗间的杂草。

（3）保留的幼苗生长态势相近。在间苗时，应遵循"留优去劣"的原则，优先去除小苗、病苗、弱苗、畸形苗、受伤苗，但"留优"并不意味着要把所有生长态势良好的幼苗留下，有些生长过大的幼苗也应去除，要保证留下的幼苗生长较为整齐。因为过大的幼苗由于根系发育较其他幼苗好，所以在争夺水分与养分时占优，这样会影响其周边幼苗的生长，所以也要除掉大苗。

（4）及时浇水定根。由于幼苗的根系较弱，在间苗和除草的过程中，容易带动要保留的幼苗，从而导致其根系松动，所以要及时浇水，使根部与土壤密接。

（二）定苗

1.定苗的概念

通过多次间苗，使大田中的留苗数达到计划苗数，幼苗数量基本稳定，株行距大致均匀，不需再去除多余幼苗的过程称为定苗，通常把最后一次间苗称为定苗。由此可见，间苗与定苗是同一作业的两个方面。如图5-2所示，蔬菜定苗后，数量基本确定，苗株间距也合理。

图5-2　蔬菜的定苗

2.定苗的注意事项

由于定苗与间苗是同一作业的两个方面，所以笔者在此不做过多论述，仅针对定苗的注意事项做简要阐述。

（1）注意天气。定苗都应该选择在晴天下午进行，因为经过病虫害危害以及生长不良的幼苗，在经过中午太阳晒后，到了下午极易出现萎蔫现象，所以便于选择淘汰。

（2）注意密度。定苗是为了使幼苗数达到计划数，从而使预留苗达到一个合理的密度，所以在定苗时要按照预定的计划选留。

（三）补苗

1.补苗的概念

在间苗时或定苗后，由于天气原因（如遇冷、干旱、冰雹等）或病虫害原因，导致园地出现缺苗断株的现象，为确保植株间的距离更加合理，使植株达到合理的密度，应及时查苗、补苗，以免影响植物的产量，这一过程被称为补苗。

2.补苗的方法

补苗的方法分为补种和补栽两种。

（1）补种。补种是补播种子的一种方法，即在缺苗处补播种子。由于补播的种子出苗晚，其生长落后于间苗后留下的幼苗，所以为了缩小二者的差距，在补种前可先对种子进行催芽处理。

（2）补栽。补栽是直接在缺苗处栽植幼苗的一种方法。如果是在间苗期间发现缺苗，可以将其他地方的幼苗补栽到缺苗处；如果是在定苗后出现缺苗，可到供苗工厂去购买秧苗。

二、中耕、除草与培土

（一）中耕

1.中耕的概念

中耕是指在园艺植物田间生长发育过程中，采用锄头、中耕犁、齿耙和其他耕耘机械，在植株间、行间进行的松土、保墒作业。

2.中耕的作用

中耕作为园艺植物生长田间管理中的一项内容，可以起到以下作用。

（1）增加土壤通气性。中耕可增加土壤的通气性，增加土壤中氧气含量，增强园艺植物的呼吸作用，增强植物根系吸收能力，从而促进植物的生长。

（2）增加土壤有效养分含量。土壤中的有机质和矿物质养分都必须经过土壤微生物的分解后，才能被园艺植物吸收利用。因旱土中绝大多数微生物都是好气性的，当土壤板结不通气导致氧气严重不足时，微生物活动弱，土壤养分不能充分分解和释放。中耕松土后，土壤微生物因氧气充足而活动旺盛，大量分解和释放土壤潜在养分，可以提高土壤养分的利用率。

（3）提高土壤温度。中耕松土能使土壤疏松，受光面积增大，吸收太阳辐射能增强，同时能使热量很快向土壤深层传导，提高土壤温度。

（4）促进土肥相融。中耕可将追施在表层的肥料搅拌到底层，达到土肥相融、活泥通气的目的。此外，还可排除土壤中有害物质和防止脱氮现象，促进新根大量发生，提高吸收能力。

3. 中耕的次数与时间

不同种类的园艺植物、不同的土壤状况以及不同的气候条件，中耕的次数和时间也不同。对一年生草本植物来说，一年内中耕6～10次为宜；两年生草本植物以3～6次为宜；对多年生的花卉、蔬菜以及木本植物来说，每年中耕2～3次为宜。此外，在时间选择上，一般在灌水或雨后土壤表面尚未干时中耕最为适宜。

4. 中耕的深度

不同种类的园艺植物，由于其根系的深浅不同，所以中耕的深度同样存在差异。对根系深的植物来说，由于其根系入土较深，所以应深耕；而根系较浅的植物，适宜浅耕或中耕。对于同一种植物，其不同的生长阶段，根系的深浅也存在区别，所以中耕的深度也有所区别。一般幼苗期植物的根系较浅，所以要浅耕；而随着植物的生长，根系入土越来越深，此时要中耕或深耕。

（二）除草

1. 杂草的概念

广义的杂草是指对人类生活不利或对人类农业生产存在危害的一切植物。此处所指的杂草是一种狭义的说法，即生长在园艺植物四周，给园艺植物生长造成直接或间接危害的草本植物的总称。

2. 杂草的危害

（1）与园艺植物争夺水、肥、光。很多杂草的根系十分发达，并且吸收能力极强，会与园艺植物争夺土壤中的水分与养分。当杂草长到一定高度后，还会对园艺植物造成一定程度的遮挡，影响园艺植物的光合作用。

（2）传播病虫害。有些杂草是病虫害的中间宿主，这些病虫害通过杂草这一媒介传染到园艺植物上，从而影响园艺植物的健康生长。

（3）降低园艺植物的产量和质量。由于杂草会与园艺植物争夺水、肥、光，并传播病虫害，所以会降低园艺植物的产量和质量。此外，有些杂草含有有毒物质，如果这些杂草掺杂到蔬菜或果实中，会影响人类的健康。

3. 杂草的防治

（1）杂草的预防。杂草一旦产生，会对园艺植物的生长产生影响，所以"防"在前，"治"在后。预防杂草的手段就是切断杂草产生的来源。杂草的来源一般有以下几种：一是混在园艺植物种子中，二是园地四周的杂草通过风吹的方式将种子传播到园地里，三是混在有机肥料中。基于此，可采取以下相应措施：在播种前精选种子，避免杂草种子混入植物种子中；清理园地四周的杂草，尽量隔断风力传播的途径；所使用的有机肥料一定要经过处理，防止带入杂草种子和病虫害。

（2）杂草的治理。如果园地中出现杂草，一定要及时处理，将杂草对园艺植物造成的危害降到最低。具体治理方法有以下几种。

①物理除草：比较原始的物理除草方式是借助农具将杂草剔除，这种方法效率低下，且耗时较长，并且容易对园艺植物的根造成伤害，此法适用于管理不便的园地。一些便于机械操作的园地可采用机械除草的方式，能大大提高除草的效率。

②化学除草：通过喷洒除草剂的方式除去杂草，是目前应用较为广泛的一种除草方式。由于除草剂对园艺植物以及土壤会造成一定程度的危害，所以施用除草剂时要严格控制好浓度和用量。

③生物除草：利用昆虫、禽畜、病原微生物和竞争力强的置换植物及其代谢产物去除杂草的一种方法。生物除草对环境以及园艺植物的危害小，且除草效果稳定持久，但对环境的要求比较严格。生物除草的应用还不成熟，目前还处在研究阶段，但生物除草的前景光明，相信随着农业与生物技术的不断发展，生物除草一定会广泛地应用到杂草治理中。

（三）培土

1. 培土的概念

培土是在田间植株生长期间将行间土壤分次培于植株根部的耕作方法，一般是与中耕、除草结合进行。北方地区的垄作趟地就是培土的方式之一。

2. 培土的作用

培土作为园艺植物田间管理的内容之一，主要具有以下几方面的作用。

（1）增加活土层面积。通过培土，扩大植物营养与水分的吸收面积，促进植物根系的发育。这不仅有利于植物的生长发育，还有利于提高植物移栽后的成活率。

（2）防风抗伏倒。根起到支持植物的作用，通过培土，能够增加根入土的深度，从而提高根的支持能力，提高植物防风抗伏倒的能力。

（3）便于灌水与排水。通过培土，行与行之间的垄或沟更加明显，有助于排水和灌水。在雨季时，便于排水，可防止水涝；在旱季时，便于灌水，可及时补水，降低干旱的影响。

3. 培土的要点

培土质量决定着培土作用的大小，只有高质量地培土，才能充分发挥其效用。因此，培土时应结合园地土壤质量情况，做到以下两点。

（1）适宜的培土时机。培土时间的选择不宜过早，也不宜过晚。时间过早，由于植株苗体较小，容易埋没幼苗的心叶，影响幼苗生长；时间过晚，培土的效用会大大降低，且会因为植株株体过大，给操作带来不便。

（2）适宜的培土高度。培土的高度依植株的生长情况而定，不能过高，也不能过低。过低不能起到培土应起的作用，过高则会对植物的生长起抑制作用。另外，培土的高度也受环境条件的影响，如风力大、降水较多的地区，为了提高植物根的支持能力，防治水涝，可适当增加培土高度。

三、水肥一体化管理

（一）水肥一体化的概念

园艺植物的田间管理中，对水与肥的管理也是重中之重。在以前，对水与肥的管理都是分隔开来的，随着农业技术的发展，水肥一体化技术的出现实现了水肥的同步控制。水肥一体化技术就是在根据不同园艺植物对水肥的需求特点，进行科学水肥供给设计的基础上，借助压力系统与管道系统实现对园艺植物供水与供肥。由于管道系统的终端是滴头，能做到定时、定量且均匀的滴灌，使植物根系生长发育的区域始终保持适宜的水分含量与肥料含量，从而促进植物更好地生长。

（二）水肥一体化设施

水肥一体化设施一般由水源、首部控制枢纽、各级输送管道和滴头组成。

1. 水源

滴灌系统水源的选择非常广，可以是池塘、水库、机井、湖泊等。但无论选择哪个作为水源，其水质应满足滴灌的需求，如杂质、杂物少，含沙量少，这样不易堵塞滴头。

2. 首部控制枢纽

首部控制枢纽通常包括水泵、动力机、过滤器、施肥罐、控制与测量仪表、调节装置等。首部控制枢纽是整个控制系统的调配中心，肩负着从水源处取水、向水中施加肥料、按量输送水肥的任务。

3. 输送管道

输送管道的作用是将溶解有肥料的水输送到滴头处，一般包括主管道、支管道、毛管以及必要的调节设备（如流量阀、压力表等，起到调节水流量的作用）。主管道和支管道一般采用硬质塑料制成，毛管则采用软塑料制成。

4. 滴头

滴头是滴灌系统的终端。溶解肥料后的水从滴头滴出，直达园艺植物的根部。滴头处的流量因园艺植物种类的不同而有差别，但一般情况下，其流量不大于 12 L/h。

（三）水肥一体化技术对水与肥料的要求

1. 对水的要求

水肥一体化设施中的滴头比较容易堵塞，一旦发生堵塞，维修起来比较麻烦，所以对水源的要求就是要保证水的清洁，不能携带杂质、杂物。如果选择的水源不能满足需求，可在滴灌的入口处用过滤网对水进行简单的过滤，并经常清理或更换过滤网。此外，为了避免杂物进入水池等水源内，还应该对水源进行适度的遮挡处理。

2. 对肥料的要求

（1）溶解性好。水肥一体化技术就是将肥料溶解在水中，然后一起滴灌到园艺植物的根部，所以良好的溶解性是实施水肥一体化管理的基础。的确，如果肥料不能够很好地溶解到水中，不仅不能满足用肥的需求，还容易因为肥料的沉淀堵塞出水口和滴头。

（2）兼容性强。园艺植物对肥料的需求是多元的，所以在施加肥料时，常常需要施加两种或两种以上的肥料，这就要求肥料之间具有较好的兼容性，彼此之间不会发生拮抗作用，也不会形成沉淀，从而保证多种肥料可以同时施加。

（3）腐蚀性小。肥料溶解到水中形成溶液，如果与水肥一体化设施长时间接触，难免会对其造成一定的腐蚀作用。因此，为了保护水肥一体化设施，延长其使用寿命，肥料的腐蚀性要尽可能地小。

（四）水肥一体化中常用肥料

1. 氮肥

在水肥一体化管理中，常用的氮肥有尿素、硫酸铵、硝酸铵以及各种含氮的溶液。当施氮量超过园艺植物的吸收量时，可采取施加含 NH_4^+ 氮肥的方法，这样可以减少土壤中氮的淋溶损失。一般情况下，当土壤pH维持在6～6.5时，植物对氮肥的利用率最高。

2. 磷肥

由于P在土壤中容易被金属矿物质所保存，所以P在土壤中不易流失，所以对施加磷肥的方式没有特殊的要求，但相比传统的施肥方式来说，滴灌施肥的方式在效果上更好。不过，由于磷肥与其他一些肥料容易发生化学反应，形成沉淀（如磷酸钙），从而堵塞滴头，所以磷肥同其他肥料一同施加时，要了解它们之间是否会发生化学反应，避免出现堵塞滴头的情况。

3. 钾肥

氯化钾、硫酸钾、硝酸钾等都是常用的钾肥。其中，氯化钾价格非常便宜，但在水肥一体化设施中，要选用白色的氯化钾，因为红色的氯化钾含有氧化铁，容易堵塞滴头。硝酸钾可同时提供N与K，是双肥料，但很多园艺植物在生长末期对K与N的需求不同，对K的需求多，对N的需求少，如果N过量，反而会影响植物的生长，所以此时不能施加硝酸钾。

（五）水肥一体化管理中的注意事项

1. 控制好施肥量

园艺植物生长对肥料有着较高的需求量，但超过园艺植物需要的量，不仅会造成浪费，还会污染环境，有时甚至会对园艺植物的生长产生抑制作用，所以必须要控制好施肥的量。一般以灌溉的流量来计算要施加肥料溶液的浓度，即灌溉的流量乘以 0.1% 可得到适宜的肥液浓度，如灌溉的流量为 30 m³/h，那么肥液的浓度约为 30 L/h。水肥一体化设施还可以用来施加除草剂、杀虫剂等农药，施加农药时更需要掌握好量，具体以病虫害强度而定。

2. 保证安全施肥

水肥一体化技术的运用提高了水肥管理的效率，但为了保证施肥的安全性，安全保护装置不可或缺。对于不同的施肥方式以及不同的水肥一体化设施，所采取的防护措施也有所不同，但至少要包含以下几方面的内容：一是具有止回阀，其作用是防止肥料溶液回流进水源中，以免水源受到污染；二是具有排气阀，以保证管道的畅通、安全的运行；三是具备齐全的闸阀，便于对各个部分进行操作控制。

3. 做到"灌水—施肥—清洗"三步走

第一步，在施肥之前，可先用清水滴灌 20 min 左右，将土壤润湿；第二步，施加肥料后调控出水阀，控制好施加肥液的量，并保证施肥速度的平稳；第三步，施加完肥料后，继续用清水滴灌，起到清洗管道和滴头的作用，以降低溶液对设施的腐蚀，也避免滴头处肥液因水分的蒸发形成结晶而堵塞滴头。

第二节　园艺植物的植株管理

园艺植物的植株管理主要是针对园艺植物进行植株调整或整形修剪。通过对植株进行调整或整形修剪，使植株具有更为理想的株型，一方面可以使植株更好地生长，另一方面使植株更具观赏价值。

一、果树类园艺植物的整形修剪

（一）修剪的时期

对果树进行修剪，主要目的是为了促进果树更好地生长发育。果树修剪的时期因种类的不同、生长情况的不同而异，但多数果树修剪的时期定在夏季和冬季这两个季节。

1. 夏剪

由于夏季果树生长旺盛，枝条上长有大量的叶片，所以夏剪又被称为带叶修剪。从理论上来讲，夏剪有助于调节枝条密度，减少郁闭，增加光照，并调剂果实的负载量，对果树结果非常有利，所以夏剪是更为合适的选择。但由于夏季劳力紧张，果实枝叶繁茂，为修剪带来了很多困难，所以很多果园都在冬季进行修剪。

2. 冬剪

从秋末冬初到翌年春季萌芽之前，落叶果树处于休眠阶段，基本停止生长，所以冬剪又被称为休眠期修剪。冬剪具有诸多的优点：一是冬季劳力不紧张，便于安排；二是进入冬季后，果树落叶后树冠可以清晰辨认，修剪方便；三是此时期修剪果树营养流失较少。相较夏剪来说，冬剪有上述优点，所以很多人优先选择在冬季进行果树的修剪。

3. 有"伤流现象"果树的修剪

有些园艺植物在某个固定的时期修剪会出现"伤流现象"，而出现"伤流现象"后，果树修剪口的愈合速度变慢，所以对这些树木进行修剪时，要避开"伤流期"。

（二）果树修剪的步骤

了解果树修剪的步骤，才能更好地进行操作。果树修剪步骤因果树种类的不同略有差异，但基本包括"看""剪""查"三个步骤。

1. 看

看，简单来说就是先了解果树的情况，包括看树体的结构、看果树生长与结果的习性、看树的生长势力。看树体的结构，是为了保证此次的修剪不破坏树体的主体结构，这是最基本的要求，如图5-3所示，对冬枣树的修剪，保留了主干形；看果树生长与结果习性，是为了结合其生物学特征选择相应的修剪方法；看树的生长势力，是为了确定通过修剪保证树的生长势力既不过强又不过弱，因为果树生长势力过强和过弱都不利于结果。基于此，对于生长势力过强的果树，应采取稳势的做法，即简单修剪，以免树势大起大落而影响果树的生长；对于生长势力过弱的果树，应采取助势的方法，即进行大面积的修剪，将营养集中到一处或几处，从而保证果树的生长。"看"如同"望闻问切"中的"望"，"看"过之后，才能了解情况，才能确定果树修剪的方法与程度。

图5-3 冬枣树主干形

2. 剪

在了解了果树的生长情况之后，便可以进行"剪"这一步。"剪"一般分为骨干枝和非骨干枝的修剪。骨干枝包括主枝和侧枝，对骨干枝的修剪主要是为了调节它们延长的方向、强度和均衡度。非骨干枝是指主枝和侧枝之外的辅养枝，对辅养枝的修剪主要是为了简化树体结构，修剪原则是不影响骨干枝的正常生长。修剪时，要遵循从内到外、从大到小、从上到下的顺序进行。

3. 查

查，就是查看修剪的结果，看其是否达到了预期的效果，如果有不完善的地方，应该进行第二次的修剪。

(三) 果树修剪的基本手法

果树修剪的基本手法有"截""疏""伤""变"4种，在具体的实践操作中，应结合具体的修剪对象以及果树的生长情况灵活运用。

1. 截

把一年生的枝条剪短，留下一部分枝条进行生长，这一操作被称为短截。根据保留下的枝条的长度，短截又可分为轻短截、中短截、重短截、重剪以及极重短截。

（1）轻短截。轻短截是指剪去一年生枝条的1/4～1/3，由于剪口附近芽的生长势较弱，但芽眼萌发率高，所以容易形成结果枝。

（2）中短截。中短截是指剪去一年生枝条的1/3～1/2。中短截枝后，枝条芽眼的萌发率较高，容易形成中、长枝，但不利于花芽的形成。

（3）重短截。重短截是指剪去一年生枝条的2/3～3/4，此种剪枝方法可促进少数枝条的营养生长，但不利于花芽的形成。

（4）重剪。重剪是指剪去一年生枝条的3/4～4/5，剪后萌发枝条生长势强壮，常用于发育枝作延长枝头和徒长性果枝、长果枝、中果枝的修剪。

（5）极重短截。极重短截是指剪去一年生枝条的4/5及以上，甚至只在枝条的基部留下2～3个瘪芽。由于极重短截对果树生长势的削弱很强，所以既不利于枝条的营养生长，又不利于花芽的形成，通常只起到削弱生长势的作用，以为来年的花芽分化打下基础。

2. 疏

"疏"是"密"的反义词，所以从字面意思上来理解，"疏"就是减少果树枝条的密度，其作用是通风透光、减弱果树的生长势。根据疏剪的强度，一般分为轻疏、中疏和重疏三种。轻疏的疏剪量占整株的10%以下，中疏的疏剪量占整株的10%～20%，重疏的疏剪量占整株的20%以上。疏剪的强度依果树的种类、萌芽力以及树龄而定。萌芽能力强的果树，疏剪强度可适当增大；萌芽能力弱的果树，疏剪强度宜小。树龄小的轻疏或不疏，树

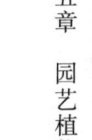

龄较大的中疏或重疏，树龄过大的可重疏，只留下必要的枝条。

3. 伤

"伤"，即"损伤"，指通过环剥、扭梢、刻伤等方式损伤枝条。损伤的方式不同，起到的作用也不同。

（1）环剥。在果树的生长期，用刀等比较锋利的工具在枝干基部环剥掉一定宽度的韧皮部。环剥之后，枝干上的养分不能回流到树根，会聚集在枝干上部，从而促进花芽的形成。

（2）扭梢。在果树生长期，将生长比较旺盛的枝条扭断，注意不能折断韧皮部，只扭断木质部，以此来阻止养分向枝条的运输，从而减缓枝条的长势。

（3）刻伤。刻伤是指用刀在芽的上方或下方横切一道，横切深度要到达枝条的木质部。如果是在萌芽前，刻伤的部位应选在芽的上方；如果是在果树生长旺盛的阶段，刻伤部位应选在芽的下方。刻伤有助于在芽的附近积累更多的养分，从而促进芽的萌发。

4. 变

"变"指通过改变枝条生长的方向，控制枝条长势的方法，如抬枝、曲枝。抬枝，是使下垂的枝条直立起来，枝条的顶端优势加强，长势由弱变强。曲枝，是将直立的枝条下曲，削弱其顶端优势，从而削减其长势。

二、观赏类园艺植物的整形修剪

观赏类园艺植物的整形修剪以增加其观赏性为目的，一般分为自然式修剪和人工式整形两种。

（一）自然式修剪

各类植物都有其自身的形态，自然式修剪就是在遵循植物自身形态的基础上，对植物进行辅助性的修剪。此种修剪方式遵循植物的生长习性，不过多改变其自然形态，表现的是植物本身的形态特点，追求的是一种自然美。因此，在对植物进行修剪的时候，多数情况下只修剪对植物本身形态有影响的枝干，如下垂枝、徒长枝、病虫枝、枯枝等。

自然式修剪常见的株型有以下几种。

尖塔形：尖塔形植物有明显的主干，顶端优势明显，其冠形呈尖塔状，如圆柏、云杉、侧柏。

垂直形：垂直形植物同样有明显的主干，但主干顶端伸出的枝条向下悬垂，如龙爪槐、垂柳。

圆球形：圆球形植物的冠形呈圆球状，如榆叶梅、栾树。

伞形：伞形植物的冠形宛如一把撑开的伞，如鸡爪槭、合欢。

（二）人工式整形

人工整形指将植物修剪成某些特殊的形状，如修剪成动物性状、修剪成几何性状，从而起到提高其观赏性或与四周环境相匹配的作用。因为是将植物修剪成不同的造型，所以人工式整形后的观赏植物也可被称为造型植物，如图5-4至图5-7所示。

图5-4 造型植物（1）

图5-5 造型植物（2）

图5-6 造型植物（3）

图5-7 造型植物（4）

三、蔬菜类园艺植物的植株调整

（一）搭架

蔬菜生长的过程中，可以通过搭架的方式，调节植株间的疏密情况，改善园地的通风、透光条件。根据搭架方式的不同，一般分为单柱架、圆锥架、人字架、篱笆架、横篱架与棚架。

1. 单柱架

单柱架指在每一株蔬菜旁插一个竖杆，竖杆与竖杆间不连接，操作非常简单，适用于植株较小且分枝较弱的豆类蔬菜。

2. 圆锥架

圆锥架指在蔬菜植株的四周分别插上 3～4 根竖杆，上端捆紧，使其呈锥形。锥形架较为牢固，但容易造成植株的拥挤，影响透光与通风。适用于单干整枝类的蔬菜，如黄瓜、菜豆。

3. 人字架

从两行植株中，选取相对的两株植株，分别在每一株植株旁插上一个架杆，然后弯曲架杆，将两个架杆的上端固定到一起，使其呈人字形，因此被称为人字架。人字架也比较牢固，适用于豇豆、番茄等植株较大的蔬菜。

4. 篱笆架

篱笆架与人字架有相似之处，同样选取相对的两株植株，分别在每一株植株旁插上一个架杆，然后将上端交叉固定，最后用一横杆将各个交叉固定的架子连接起来。篱笆架非常牢固，但搭架比较费时费力，适用于分枝强的蔬菜。

5. 横篱架

每隔 1～2 m 插入一根竖杆，然后在离地面约 1.3 m 处架一个横杆，将竖杆连接起来。茎蔓呈直线或圈形，引蔓上架，并按同一方向牵引，多用于单干整枝的瓜类蔬菜。

6.棚架

在畦的两侧插入竖杆，并在竖杆上架上横杆，然后固定，使横杆呈网格状。根据蔬菜生长情况的不同，棚架有高棚和低棚两种，适用于枝繁叶茂、瓜体较大的瓜类蔬菜，如冬瓜、丝瓜、苦瓜。

（二）引蔓、绑蔓、落蔓与压蔓

1.引蔓

引蔓指对一些蔓性或半蔓性蔬菜进行攀缘引导的方法。当蔬菜长到高约 30 cm 时，便开始进行引蔓，引蔓的流程如下。

（1）将尼龙绳绕过拱杆，吊成人字架。

（2）尼龙绳的两端系在两相邻垄相对应的瓜类根部，系活扣，留出茎增粗后生长的余地。以后，随着茎蔓增粗，适当松绑 2～3 次。

（3）通过调节使绳拉紧，吊蔓后，架面松紧一致。

（4）将瓜蔓缠绕在尼龙绳上，每节缠绕一次，注意在叶柄对面走线，防止叶、花、瓜纽损伤或被缠绕。

2.绑蔓

有些蔬菜因为攀缘性或缠绕性较强，通过一次引蔓后便可以自行缠绕或攀缘。但有些蔬菜由于其攀缘性或缠绕性较弱，除引蔓之外，还需要进行多次的绑蔓。此外，有些攀缘性或缠绕性较强的蔬菜，虽然经过引蔓后能够自行缠绕或攀缘，但时常会出现生长不成器的情况，所以需要进行多次绑蔓。绑蔓时，松紧度要适中，以能够辅助植株攀缘又不磨伤植株为宜。绑蔓的材料要柔软坚韧，不割伤植株，又不易断，如麻绳、塑料绳。捆绑方法可采取常用的"8"字绑蔓法，使植株与架杆能够保持一定的距离。

3.落蔓

有些蔬菜的生长期较长，可达 7～9 个月，茎蔓长度可达 10 m。显然，如此长的茎蔓，仅靠 2～3 m 高的架子很难满足其攀缘的需求。因此，当茎蔓长度过长时，为了保证茎蔓有充足的生长空间，应采取落蔓的方式，即将茎蔓从架子上取下，去掉老叶和黄叶，然后从基部开始盘绕或折叠茎蔓，使茎蔓顶端处在一个合适的攀缘位置上，并重新绑蔓固定。

4. 压蔓

当茎蔓生长到一定程度时，将其中的一段茎蔓用土压住，这一操作被称为压蔓。压蔓的目的是使茎蔓生长出不定根，增加植株从土壤中吸收水分与养分的能力。根据压蔓方法的不同，压蔓分为明压和暗压两种。明压适用于长势较弱的品种，暗压适用于长势较强的品种。

（三）整枝与整叶

1. 整枝

整枝是根据蔬菜作物生长特性和栽植密度，剪去部分枝（蔓），并将留下的枝（蔓）引到一定位置的一项植株调整技术。通过剪去部分无用的枝条，能够减少营养的消耗，同时改善光照与通风条件，并控制病虫害的蔓延，从而提高蔬菜的产量与品质。整枝看似简单，但处理不当，反而会影响蔬菜的生长。所以，在整枝时要注意以下两点。

一是要注意打强扶弱。茄子和甜椒等蔬菜多实行两主干或多主干整枝，如不加以调控，任其自然生长，必然会出现强枝和弱枝，这不利于蔬菜高产。因此，蔬菜整枝应注意打强扶弱，目的是让各个主枝平衡生长。例如，甜椒的各个主枝出现生长不平衡时，可将强的主枝用吊绳拉平，将弱的主枝吊直，以此减缓强枝的生长，同时增强了弱枝的生长势。又如，长茄的两个主枝间出现生长失衡时，可将强的主枝人为压低，削弱其顶端优势，这样弱的主枝才能有机会赶上来。再如，黄瓜植株不加调控常会参差不齐，尽管通过落蔓植株的龙头部位都一样齐了，但弱的植株依旧弱，强的植株依旧强，因此在黄瓜落蔓时，就应该在弱株上做好标记，管理上重点"开小灶"，即多补营养少留果，促其尽快由弱变壮，这样黄瓜的整体产量才能提高。

二是根据实际情况确定整枝后是否需要打杈。很多时候，蔬菜的整枝打杈是同步进行的，但有时整枝后不必打杈。例如，越冬茬蔬菜，由于此时蔬菜植株还没长成，仍处于营养生长阶段，况且植株间也不郁闭，过早地疏叶打杈反而会减少植株的光合面积，降低植株的光合能力。因此，此期蔬菜整枝是必要的，但不宜疏叶打杈，可通过拉枝开角来增加植株叶片的见光率。

2. 整叶

（1）摘叶。蔬菜叶片的光合效率与其成熟度有关。一些叶龄较大的老叶片，由于已经发黄，其光合作用很弱，甚至其合成的营养物质低于其呼吸作用消耗的量，为了减少植株营养的消耗，可摘除这些老叶片。同时，摘除叶片之后，能够改善通风与光照条件，有利于植物的光合作用。例如，当番茄植株长高到50 cm后，其下部的叶片便开始发黄，这时即可摘除掉这些衰老、发黄的叶片。

（2）束叶。束叶就是将蔬菜的叶子束到一起。此方法适用于花椰菜和结球白菜。束叶能够促进叶球和花球的软化，同时可以起到防寒保暖的作用。束叶时期一般选择蔬菜生长的后期，因为此时蔬菜已经基本成熟，对营养的需求较弱，束叶不会影响产量。如果束叶过早，叶片被束到一起，会影响其光合作用，从而影响蔬菜产量，同时容易造成叶球和花球的腐烂，所以一定要把握好束叶的时期。

第三节　园艺植物的花果管理

一、园艺植物的花朵管理

（一）花卉花期的调控

园艺植物的花期调控又称为催延花期，即通过人为改变植物生长的环境条件，达到推迟花期或前移花期的目的。以植物自然生长规律为标准，使其提前开花的称为促成栽培，使其推迟开花的称为抑制栽培。花期调控对满足人们用花需求具有非常重要的意义。园艺植物开花受光照、温度、水分等因素的影响，其中光照和温度是最主要的两个因素，所以可以通过调节光照与温度的方式控制植物的花期。

1. 光照调节

（1）长日照处理。有些典型的长日照花卉，如瓜叶菊、晚香玉，需要在长日照条件下才能进行花芽的分化，所以可以通过长日照处理，即补光的方式增加其光照时间，从而达到调整花期的目的。例如，有些花卉在冬季栽培时，由于冬季光照时间短，温度低，很多长日照花卉不能满足开花的条件，但元旦、春节、情人节等节日人们对花卉的需求量较大，所以可以采取长日照处理，再给予适当的加温，便可以使花卉在冬季或早春时开花。

（2）短日照处理。有些典型的短日照花卉，如一品红、菊花，需要在短日照条件下才能进行花芽分化，所以可以通过短日照处理，即通过遮光的方式缩短其日照时间，从而达到调节花期的目的。以菊花为例，通常菊花的花期在十月下旬，如果想使其在国庆节前开花，可在7月中旬出现花蕾后，对其进行遮光处理，使每天的光照时间维持在 8～10 h，这样便可使其花期提前到国庆节前后。

（3）昼夜颠倒处理。有些花卉的开花时间为傍晚或夜间，但人们习惯于在白天欣赏花卉，为了满足人们白天欣赏花卉的需求，可以采取昼夜颠倒的方式改变花卉的开花习性，使这些花卉能够在白天开花。例如，昙花便是在夜间开花，而且其花期非常短，只有几个小时，所以可以对昙花进行昼夜颠倒的处理。具体操作如下：等到昙花的花蕾长到约 7 cm 高时，白天将其置于不见光的暗室，晚上7点后便开始用强光照射，一直到第二天早晨6点，然后移到暗室，如此反复 4～5 d，便可以改变昙花夜间开花的习性，使其在白天开花。

2. 温度调节

在满足日照条件的基础上，通过调节温度，也能实现控制花期的目的。温度的调控主要有两种，一是加温，二是降温。

（1）加温调节法。当温度降低之后，植物也会逐渐进入休眠期，而通过加温的方式可以打断植物的休眠期，从而实现使其提前开花的目的。例如，牡丹的花期为5月，而通过采取一系列的加温措施，可以使其花期提前几个月，在春节以及元宵的花市上便可以欣赏到牡丹艳丽的身姿。

（2）降温调节法。利用植物在低温时会休眠的特性，可以通过降温的方式使花卉提前进入休眠期，然后根据需要开花的时间，再提前对花卉进行加温处理，从而达到控制花期的目的。此外，很多花卉在花芽发育阶段需要经过一段时间的低温期，才能提前开出高质量的花朵，这时便可以根据不同种类花卉对低温的不同需求采取不同的降温措施。降温处理时，有一点需要注意，降温宜缓不宜急，一般需要 3～7 d 的缓冲期，实现逐步降温；同理，升温时也要有一个缓冲期，避免因温度的大起大落损伤花卉。

（二）园艺植物的疏花疏蕾

1. 果树的疏花疏蕾

疏花是果树管理中的重要一环，即人工除去一些过多的花，以提高产品的品质。通常情况下，果树所结的果实低于其开花的量，如果开花结果过多，容易出现养分供不应求的情况，这不仅会影响果实的产量，还会影响果实的品质，造成小果、次果的出现。因此，在果树开花期间，对果树进行疏花是必不可少的。疏花的时期因果树种类和气候条件而异。以北方地区常见的苹果、梨为例，苹果、梨属于仁果类果树，它们的疏花时期应选在花序分离期至盛花期之间，可采取人工疏花的方法，留花量一般以留果量的1.5～2.0倍为宜。

2. 花卉的疏蕾

有些花卉在花朵盛开之前会长出大量的花蕾，但花蕾过多会大量消耗养分，导致花卉植株的生长弱势，花朵的颜色、大小等也会受到影响，并且无序的花朵也影响美观，所以有必要对此类花卉进行疏蕾管理，如菊花、茶花、芍药花等。以菊花为例，其疏蕾的时间一般在9月末到10月初。疏蕾前，先确定需要疏去的花蕾，一般选择花蕾比较密集的地方，或者去掉生长不太好的花蕾；疏蕾时，可用手去除花蕾，也可用剪刀或镊子去除花蕾，无论采取哪种方法，注意不要伤到需要保留的花蕾，以免影响菊花的开放；疏蕾完以后，要给菊花适量地浇水。如图5-8所示，便是笔者在带领学生对菊花进行疏蕾处理。

图5-8　菊花疏蕾

二、园艺植物的果实管理

(一)园艺植物的疏果

每一棵果树的负载量都是有限的,主要是因为它对养分的吸收供给能力有限,因此并不是果树坐果越多越好。如果结的果实多,那么果树就需要大量的养分供给,但是它的根系对养分的吸收能力有限。在初期,因为果实个头小,对养分的需求少,所以此时果实可以较好地生长,但是随着果子的膨大,对养分的需求越来越多,这时候根系吸收的养分明显供应不足。这种情况下,轻则影响水果的品质,严重的会造成果实掉落。因此,必须及时进行疏果处理。

1. 疏果时期

不同的果树疏果的时期和次数也不同。以常见的苹果和梨树为例,疏果一般分两次进行。在子房膨大后进行第一次疏果,和间苗一样,此次疏果并不是最终定果的数量,只是初步进行疏果,主要去除病果、小果和有损伤的果,所以也叫作"间果";第二次是在生理落果以后,由于此时疏果确定了果实的数量,所以也叫作"定果"。疏果不宜过晚,因为果实太多对营养的消耗也多,会影响幼果的发育,进而影响果实的产量与质量。

2. 留果量的确定

疏果的目的是为了保留最为适宜的果量,除了去除病果、小果和有损伤的果,很多时候还需要去除一些长势较好的果实,所以如何确定最终的留果量也非常重要。留果量确定的方法有叶果比法、枝(梢)果比法和以枝定果法。

(1) 叶果比法。所谓"叶果比",即果树叶片总数与果实总数的比值。叶果比受叶片大小以及果实大小的影响,所以不同种类果树的叶果比也不同。即便同一种果树,其品种不同,树叶和果实的大小也有差异,其叶果比也同样存在差异。如果果树的叶片偏大,果实偏小,那么叶果比应该适当偏小;相反,叶果比则偏大。

(2) 枝(梢)果比法。所谓"枝(梢)果比",即当年新发枝(梢)数与果实个数的比值。与叶果比法相同,不同种类、同一种类的不同品种其枝(梢)果比也不同。在此,笔者同样以常见的苹果与梨树为例,并针对不同品种的苹果和梨树，列举出其枝（梢）果比，详见表5-1（同时列举出叶果比）。

表5-1 苹果、梨不同品种的叶果比与枝（梢）果比

果树种类	果实类型	代表品种	枝（梢）果比	叶果比
苹果	小型果	小国光	3～4∶1	20～30∶1
	中型果	红津轻	4～5∶1	30～40∶1
	大型果	富士	5～6∶1	40～45∶1
梨	小型果	南果梨	3～4∶1	20～30∶1
	中型果	鸭梨	4～5∶1	30～35∶1
	大型果	黄金梨	5～6∶1	35～45∶1

（3）以枝定果法。以枝定果法适用于桃、杏等核果类果树，由于它们的枝条较长，并且中、长果枝较多，所以可以以果枝的长度与果实大小作为疏果的依据。不同种类的果树、同一种类的不同品种，其果枝长度和果实大小也存在差异，所以在具体实践中，要依果树种类而定。

3. 疏果的方法

目前，疏果的方法有化学疏果和人工疏果两种。化学疏果主要应用一些疏果药剂，如乙烯剂、二硝基化合物、萘乙酸等。但由于不同种类果树对药剂的反应不同，化学疏果的效果不稳定，因此目前仍旧以人工疏果为主。人工疏果能够做到因树而异、因枝而异，疏果效果稳定，其原则是强枝多留，弱枝少留。

（二）果实的套袋与摘袋

1. 果实的套袋

（1）果实套袋的作用。①防止果虫危害。害虫对果实的危害主要是通过与果实接触造成的，而果实套袋之后，害虫便不能直接接触到果实，所以能够有效防止害虫危害果实。

②防止病害蔓延。病害具有传染作用。有些病害在发病早期便表现出比较明显的特征；有些病害一直到果实采收时才表现出症状，对于这类病害很难防治。而果实套袋之后，在果袋的保护下，果实与外界多了一层保护

膜，大大降低了病害传播的危险，有效阻止了病害的蔓延。

③降低农药残留量。喷洒农药是防治病虫害的有效手段，但农药残留到果实上，不仅会对果实的生长产生影响，还会威胁人类的健康。而果实套袋之后，喷洒的农药被果实袋隔绝在外，农药不能直接接触到果实，大大降低了果实表面农药的残留量。

④改善果实颜色。果实颜色作为果实的感官特征之一，是影响果实品质的一个重要因素。而通过调节果实袋的透光率以及色调光谱波长，可以改善果实的颜色，使其外观色泽达到高档果实的要求。

⑤有利于果实的贮藏。果实套袋之后，病虫的危害减少，降低了果实烂心的概率，避免了在贮藏过程中由于少数果实的腐烂引起更多果实腐烂的情况。另外，果实套袋之后，也有助于减少果实表面的机械损伤，这对果实贮藏期的延长同样有利。

（2）果实套袋的时间。不同种类的果树、同一种类的不同品种，其套袋时间有早有晚。例如苹果套袋的时间一般选在6月份生理落果之后进行，但有些容易产生果锈的品种，如金冠，其套袋时间应适当提前，或者采取两次套袋的方式，即在生理落果前套小袋，在果实速长期之前套大袋。黄金梨也可采取两次套袋的方法，这样有助于保持果点小的性状。此外，一些核果类果树，如桃树、杏树等，由于生理落果比较严重，所以必须在生理落果后套袋。虽然不同种类的果树、同一种类的不同品种，其套袋时间有差异，但就同一品种果实而言，在适宜的套袋时间范围内，套袋时间越早越好。

2.果实的摘袋

（1）果实摘袋的时期。果实摘袋的时期因果树种类的不同、品种的不同以及气候条件的不同而异。以北方气候的红富士苹果为例，摘袋时间以采收前的15～20 d为宜。摘袋时，以阴天或多云天气为宜，如果摘袋的前后几天全是晴天，可选择在上午10点至12点之间摘除东面和北面果实的袋子，在下午2点到4点之间摘取西面和南面果实的袋子，这样可以减少日灼现象的发生。日灼的发生并不是由于日光的直射，而是由于果实表面温度的剧烈变化。选择在中午和下午摘袋，是因为此时果实表面的温度与外界温度相近，不会因为摘袋产生温差，所以可以最大限度地避免日灼现象。对套双层袋的果实来说，应该分两次摘袋，内袋需要在外袋摘除5～7 d后进行，时间选择可与上同，即在上午10点至12点之间摘除东面和北面果实的袋子，在下午2点到4点之间摘取西面和南面果实的袋子。

（2）果实摘袋后的管理。摘袋后的管理在很大程度上影响着套袋的效果。摘袋后，为了促进果实的着色，应该在采摘前采取摘叶、转果、铺反光膜等措施。

摘叶就是摘除果树上过多的叶片，以增加透光性。摘叶要把握好摘叶量，一般分两次进行，两次摘除的总叶量控制在植株总叶量的 20%～30%，具体依据土壤肥力状况、树体营养水平、栽植密度、果实多少等因素而定，切勿摘叶过重。壮旺大树、树体高密植园、树体中下部可以适当多摘，弱树、不影响果实着色的果园或树体可少摘。

转果就是将果实旋转一定的角度，使果实着色较浅的部位能够接受到充足的光照，进而促进其着色。转果时切忌用力过猛，否则容易扭断果柄，造成经济损失。对于一些果柄较短的果实，由于不容易扭动，所以可以分两次转果，第一次转果与第二次转果之间间隔约 7 d。

铺反光膜是为了将阳光反射到树冠内，使果实的萼部能够接受到光照，从而使整个果实都能够着色。选择反光膜时，要选用反光性好、抗拉能力强的复合型塑料镀铝箔膜。铺膜前要去除地面的杂草，保证反光膜的平整。铺膜后，也要注意经常检查，及时清除反光膜上的落叶，以保证反光的效果。

（三）果实的采收

果树栽培的目的就是为了得到果实，这是果树的产品部分，是实现经济效益的关键部分。果实采收过早，果实的品质较差；采收过晚，又会影响果实的贮藏与运输；因此确定果实的采收时期至关重要。如图 5-9 所示，笔者在查看冬枣的成熟情况。通常，果实采收期的确定除了依据果实的成熟度，还会参考果实采收后的用途。

图 5-9　查看冬枣成熟情况

1. 食用成熟度

食用成熟度是以果实的食用指标作为采收的依据。既然是以果实的食用标准作为依据，那么采收的时期应当是果实充分成熟的时期，此时果实的口感最佳，但由于已经充分成熟，所以贮藏性较差，也不适宜长途运输，适合在当地销售或作果类食品加工用。

2. 可采成熟度

可采成熟度将贮藏和运输因素考虑在内，所以采收时果实并不是充分成熟，而是基本成熟，但果实的大小基本不会再改变，且此时的果实较硬，适宜贮藏和长途运输。

3. 生理成熟度

果实的生理成熟主要指果实的种子充分成熟。对食用果肉的果实来说，当种子充分成熟时，果肉的品质已经较差，食用价值和营养价值下降，有些甚至已经腐烂，不能食用，所以选在此时采收果实，一般是为了得到种子，而不是为了得到果实。当然，就干果类果实而言，因为其食用部分是种子，所以生理成熟期正是种子最为饱满的时期，口感最佳，营养价值最高，所以此类果实的采收应以生理成熟度为依据。至于运输因素，因为干果类果实具有非常好的贮藏性和运输性，所以运输因素不必考虑在内。

第六章 园艺植物病虫害防治基础与方法概述

第一节　园艺植物病虫害的基础解读

一、园艺植物病害基础

（一）园艺植物病害的定义与类型

园艺植物在生长发育或贮藏运输过程中，由于遭受病原生物的侵染和不良环境条件的非生物因素的影响，其正常的生长发育受到抑制，代谢发生改变，生理功能、组织结构以及外部形态遭到破坏或改变，最后导致产量降低、品质变劣甚至死亡的现象，称为植物病害。植物病害根据不同的分类依据，其类型也不同。具体有以下几种分类方法。

①根据病原类型的不同，可分为侵染性病害与非侵染性病害。侵染性病害是由于病原物侵染引起的病害，因为侵染的病原物不同，又可细分为原核生物病害、真菌病害、病毒病害、寄生植物病害和线虫病害等。非侵染性病害是由物理或化学等非生物因素引起的病害，又称为生理性病害。

②根据病原物传播方式的不同，可分为土传病害、水传病害、气传病害、苗传病害与虫传病害。

③根据植物受害部位的不同，可分为根部病害、茎部病害、叶部病害、花朵病害与果实病害。

上述三种分类方法中，根据病原类型进行分类是最常用的一种分类方法。所以，在下文中笔者将针对园艺植物的病原做进一步的阐述。

（二）园艺植物病害的病原

1. 侵染性病原

侵染性病原包括真菌、病毒、原核生物、线虫和寄生性植物等。

（1）真菌。真菌是一类大多数能形成丝状分枝的营养体，有细胞壁和细胞核，不含有叶绿素和其他光合色素，有性生殖和无性生殖产生孢子的生物群。真菌引起的病害占园艺植物病害的80%，是引起植物病害的第一大病原物。园艺植物中常见的几种病害，如霜霉病、锈病、白粉病和黑粉病都是由真菌引起的，所以研究真菌、了解真菌性状，对有效防治植物真菌病害具有非常重要的意义。

（2）病毒。病毒是一类结构简单、非细胞结构的专性寄生物，主要由核酸与蛋白质组成。病毒的粒体很小，有寄生到动物体内的，称为动物病毒；也有寄生到植物体内的，称为植物病毒。植物病毒对园艺植物的危害程度仅次于真菌，目前已经命名的植物病毒多达上千种。

（3）原核生物。原核生物是由细胞壁和细胞膜或者只由细胞壁包围细胞质所组成的单细胞生物。原核生物结构简单。细菌、放线菌和无细胞壁的支原体等都属于原核生物。由原核生物引起的植物病害种类非常之多，如薄壁菌门引起的畸形、叶斑、腐烂等。

（4）线虫。线虫又被称为蠕虫，属于线虫纲，分布非常广，且种类非常多。多数线虫可独立在土壤或水中存活，但有少数线虫会寄生到植物上，这些寄生到园艺植物并引起病害的类群被称为植物病原线虫。线虫寄生到植物上，除了直接危害植物，有时还会作为媒介传播真菌、病毒，从而引起复合性的伤害，加重植物病害的程度。

（5）寄生性植物。有些植物由于叶片或根系的退化，不能从土壤中吸收营养物质，也不能进行充分的光合作用，为自身供给营养物质，只有寄生到其他植物身上并从其他植物身上吸取营养，此类植物便被称为寄生植物。寄生植物大多生长在热带地区，有些生长在温带，如常见的菟丝子。寄生植物对园艺植物的危害主要体现在营养物质的争夺，而园艺植物由于缺乏足够的营养物质，便会表现出生长衰弱或者黄化，严重时甚至死亡。此外，寄生植物有时还会作为病毒的中间宿主，将病毒传播到园艺植物上，从而引起病害。

2. 非侵染性病原

与侵染性病害不同，非侵染性病害没有病原生物的侵染，主要受物理或化学等非生物因素的影响，如营养失调、水分失调、温度不适、有害物质等，这些都属于非侵染性的病原。

（1）营养失调。营养失调包括营养不良和营养过剩两种情况，这两种情况都可以引起生理性的病害。比如，缺氮会引起植物早衰、新叶淡绿，过量则会引起茎叶变软弱，延迟成熟。又如，缺磷会导致茎叶成紫红色，生育期延迟，过量则会导致植株变矮，产量降低。大量施肥或不平衡施肥是导致园艺植物营养过剩的主要原因。而导致营养不良的原因有多种，如：土壤理化性质不适，影响植物对养分的吸收；所施加肥料比例不当，引起元素间的拮抗作用，影响植物对营养物质的吸收。

（2）水分失调。水分失调同样分两种情况：水分不足和水分过量。如果园艺植物长期处在供水不足的情况下，一系列需要水参与的活动都将受到影响，如对养料的吸收、蒸腾作用等，轻则引起植株发育不良，重则引起植物萎蔫、死亡。如果土壤水分过多，会影响土壤的通气性，进而影响植物根系的呼吸作用，导致植物生长缓慢，甚至出现烂根、死亡。

（3）温度不适。园艺植物对温度的适应有上限和下限。温度过高，植物的光合作用被抑制，呼吸作用增强，营养物质的积累会随之减少，不利于植物的生长。同时，温度过高，也会灼伤植物的茎、叶、花、果等器官，所以在设施内栽培时，要及时通风降温。温度过低同样会对园艺植物造成危害。例如，一些喜温的园艺植物抗寒性较差，当地温低于10℃时，便会出现芽枯、顶枯、变色等冷害症状。此外，温度的剧烈变化也会对园艺植物产生危害，所以在采取加温或冷藏等措施对园艺植物进行处理的时候，要缓慢进行，否则会引起灼伤或冻伤，造成经济损失。

（4）有害物质。在园艺植物栽培中，经常会使用到农药和激素，虽然农药和激素的使用会伴随有害物质的产生，但合理、科学地使用农药和激素能够提高经济效益，并将危害降到最小。而使用不当，如过量使用、施用时期不当、施用方法不当等，不仅会产生过量的有害物质，对园艺植物的生长产生不良影响，还会污染环境。此外，环境污染物也是园艺栽培中有害物质的一个来源，会造成空气污染、土壤污染、水污染。不同的污染物、不同程度的污染对园艺植物的危害程度也不同，引起的症状各异。

（三）园艺植物病害的症状

园艺植物发生病害后，会在形态上、组织上或生理上表现出特有的症状，这些症状是判断病原的一个重要依据。症状可分为病症与病状，病症是病原物在植物发病部位的特征，病状是植物发病后的不正常的表现。病状和病症都有不同的类型。

1. 病状的类型

（1）变色。变色指植物发病后局部或整株发生颜色变化的现象，叶片变色较为常见，如黄化、红化、斑驳等。

（2）腐烂。园艺植物发病后局部组织被破坏和分解的现象称为腐烂，有湿腐、干腐之分。含水较多的组织发生腐烂称为湿腐，含水较少的组织发生腐烂称为干腐。

（3）坏死。坏死指园艺植物发病后局部组织或细胞死亡的现象，很少会蔓延到整个植株，造成整株的死亡，常见的坏死有穿孔、病斑、溃疡。

（4）萎蔫。由于缺水引起的局部枝叶下垂或整株下垂的现象称为萎蔫。短时间缺水引起的萎蔫不影响园艺植物的生长，浇灌后能快速恢复；长时间缺水导致的萎蔫会影响植物的光合作用，使植物生长受阻，严重时会导致植物死亡。

（5）畸形。畸形指园艺植物发病后导致局部或整株发生形态上的变异的现象，如卷叶、矮化、皱缩。一般病毒或类病毒引起的病害易出现畸形的现象。

2. 病症的类型

（1）霉状物。在园艺植物的发病部位，经常会产生各种霉，这是真菌的菌丝、孢子梗等在植物表面构成的特征，发生部位、颜色、质地不定。

（2）粉状物。在园艺植物的发病部位，也会产生一些粉状物，这是病原真菌在病部产生的一些孢子和孢子梗聚集在一起所表现的特征。不同类型的真菌产生的粉末颜色不同，有黑色、白色、锈色等颜色。

（3）颗粒状物。病原真菌在植物发病部位产生的颗粒状物，其大小、色泽、形状各不相同，颜色多为褐色和黑色。

（4）脓状物。脓状物是细菌病害所特有的，是细菌在病部溢出的含有细菌菌体的胶质、脓状黏液。

（四）园艺植物病害的诊断

1. 非侵染性病害的诊断

非侵染性病害具有以下特点：病害分布较为均匀，没有先出现中心株，然后逐渐向四周扩散的过程；植株间不会传染；植株只有病状，没有病症；病害的发生与环境条件变化有关；等等。在植物发生病害后，可依据上述特点初步判断植物病害是否为非侵染性病害。如果不能判断，或需要进一步确认，可继续采用以下方法，进一步确定非侵染性的病原。

（1）显微镜观察。从植物发病部位剥离部分组织，并对其进行染色处理，然后置于显微镜下观察是否有病原生物，如果没有病原生物，即可初步判定为非侵染性病害。

（2）病原鉴定。初步判定为非侵染性病害后，应继续对病原进行鉴定，以便采取针对性的措施。具体可采用以下几种鉴定方法。

①化学鉴定：对于由盐碱害或营养不良引起的病害，可采取化学鉴定的方法，即对植株生长处的土壤和植株的病变组织进行化学分析，测定土壤和植物组织中的成分及其含量，然后通过与正常值对比的方式，判断是否为盐碱害或缺（多）素症。

②人工诱发鉴定：如果能够初步判断出病原，可采取人工诱发的方式，即选取正常的植株，人为提供与猜想相同的发病条件，观察其症状是否与受害植株相同。

③指示植物鉴定：有些植物对非侵染性病原中的某一些或某几项非常敏感，这些植物称为指示植物。提出猜想后，也可以采取种植指示植物的方式，观察其生长是否出现明显的变化，以此来验证猜想。

④治疗鉴定法：有时非侵染性病原引起的病状比较明显，可以初步判定病原，这时可采取治疗鉴定法，即选取一小部分植物，根据初步判断的病原采取治疗方法，如果病状缓解或消失，则说明判定正确。

2. 侵染性病害的诊断

侵染性病害是由病原生物侵染引起的，病害发生呈现出较为明显的传播性，即从一个发病中心由少到多、由点到片地扩展。引起侵染性病害的病原生物有多种，在此笔者依次进行分析。

（1）真菌病害的诊断。真菌引起的病害，其症状多为坏死和腐烂，并且会产生粉状物、霉状物和锈状物，症状较为明显，可现场判断。如果症状不明显，可从发病部位剥离出部分组织，然后在特定的培养基上培养，待症状明显后再进行判断。

（2）细菌病害的诊断。由细菌引起的植物病害多表现出腐烂、萎蔫、斑点等症状。斑点症状的表现是初期呈水渍状、半透明。在潮湿条件下，斑点部位会出现黄色或黄白色的菌脓，以此来区别其他斑点症状。由细菌引起的腐烂与真菌引起的腐烂也存在区别，细菌引起的腐烂没有菌丝，而真菌引起的腐烂常伴有菌丝。而萎蔫症状可通过横切植株茎基部并挤压的方式判断，有无白色菌脓溢出是判断细菌萎蔫和缺水萎蔫的关键。

（3）线虫病害的诊断。线虫病害除会引起植株衰弱之外，还会引发根结、茎叶坏死、胞囊等症状。当发现上述症状后，可通过观察植株的方式判断是否为寄生线虫侵染。有些线虫寄生在植株表面，可以看到明显的虫体；

有些则寄生到植物内部，不易观察，可采取漏斗分离的方式鉴定。

（4）病毒病害的鉴定。由于病毒引发的植物病害没有病症，所以容易和非侵染性病害混淆。于是，在非侵染性病害鉴定中，常常会采取显微镜观察的方法，因为病毒生物经过处理后可以在显微镜中观察到，以此来区别是病毒性病害还是非侵染性病害。

（5）寄生性植物病害。由于寄生性植物能够在植株表面明显地看到，所以对寄生性植物病害的诊断并不困难。

二、园艺植物虫害基础

（一）昆虫的形态特征与生物学特征

1. 昆虫的形态特征

（1）昆虫的外部形态特征。昆虫属于节肢动物门，所以昆虫具有节肢动物门所具有的一些共同特征：体躯分节，由一系列的体节所组成；整个体躯被有含几丁质的外骨骼；有些体节上具有成对的分节附肢，"节肢动物"的名称即由此而来；体腔就是血腔；心脏在消化道的背面；中枢神经系统由脑和腹神经索组成。

（2）昆虫的头部。头部是昆虫的取食中心，多呈半球形，长有眼、触角和口器。昆虫靠口器取食。不同的昆虫，其口器的结构也不同，通常分为吸收式和咀嚼式两类。同时，由于口器位置的不同，昆虫的头部呈不同的形状，一般分为下口式、前口式和后口式三种。昆虫的眼有单眼与复眼之分，复眼具有视觉功能，能成像，对昆虫觅食、避敌等起着重要的作用；而单眼只能感光，其结构比较简单。触角位于额区两复眼间的一对触角窝内，由柄节、梗节和鞭节3节组成。触角也具有感官功能，对昆虫觅食、避敌等同样起着重要的作用。

（3）昆虫的胸部。昆虫的胸部由前胸、中胸和后胸组成，且每一部分下生有一对足，相对应地被称为前足、中足和后足，在中胸和后胸部位各生有一对翅，依次为前翅和后翅。足和翅是昆虫的运动器官，尤其翅的存在，扩大了昆虫活动的范围，对于昆虫的觅食、避敌以及繁殖具有重要的意义。

（4）昆虫的腹部。昆虫的腹部由多个体节组成，腹部内有脏器与生殖器。脏器用于新陈代谢，生殖器用于繁殖，是昆虫的第三体段。

2.昆虫的生物学特征

昆虫的生物学特征包括昆虫的生殖方式、昆虫的变态和昆虫的习性，其中昆虫的习性对昆虫防治有着重要的意义，所以在此笔者仅就昆虫的习性做简要阐述。

（1）食性。食性是指昆虫吃食物的习性。根据昆虫食性的不同，可以将昆虫分为肉食性、植食性、杂食性、腐食性、捕食性和粪食性。另外，还可以根据昆虫食性的范围，将昆虫分为寡食性、单食性和多食性。昆虫对园艺植物的危害主要是吃食果实或叶片，了解了昆虫的食性，便可以更有针对性地去防治。

（2）趋性。趋性指昆虫对外界刺激做出的某种特定的反应。根据昆虫反应的不同，趋性有正趋性与负趋性之分，正趋性指昆虫向着刺激物的方向移动，负趋性指昆虫背离刺激物的方向移动。根据刺激物的不同，昆虫的趋性可分为趋光性（刺激物为光）、趋化性（刺激物为化学物质）和趋温性（刺激物为温度）。

（3）假死性。有些昆虫在遇到突然的刺激后，会呈现出一种"死亡"状态，即身体僵直或身体蜷曲，一动不动，有时甚至从附着物（如植物）上掉落下来，一段时间之后才重新爬起或飞起，这一特征便是假死性。

（4）迁移性。有些昆虫在羽化初期会成群地从一个地方迁移到另一个地方，迁移的距离一般较长。这种迁移性是昆虫长期进化的一个结果，有助于种的延续。了解昆虫的迁移性，对昆虫的预测和预防具有非常积极的意义。

（二）园艺昆虫的主要目、科

了解园艺昆虫的主要目、科，对园艺昆虫进行分类，也是防治虫害的基础。分类学家将自然界中存在的昆虫分为34个目，其中与园艺植物栽培有密切联系的有8个目，现分列如下。

1.直翅目

直翅目昆虫体型较大，口器为咀嚼式，多数为植食性，少数为肉食性，如东亚飞蝗、中华稻蝗和地蟋蟀。

2.半翅目

半翅目昆虫体型多为中型或小型，极少数为大型，口器为刺吸式，多数为植食性，少数为肉食性，如瓜蚜、温室白粉虱和角蜡蚧。

3. 同翅目

同翅目昆虫体型大小不一，口器为刺吸式，植食性，如棉蚜、大豆蚜。

4. 双翅目

双翅目昆虫多为中型或小型，口器为刺吸式或舐吸式。其食性复杂，有些为植食性，危害植物，如花蝇科的种蝇、葱蝇，严重危害园艺植物；有些为杂食性，捕食害虫，如食蚜蝇科的纤腰巴食蚜蝇捕食蚜虫、粉虱等害虫。

5. 鞘翅目

鞘翅目昆虫是昆虫纲中最大的一个目，分类学家将它们统称为"甲虫"。鞘翅目昆虫体型大小不一，体壁坚硬，多数为植食性，少数为肉食性或腐食性，如细胸金针虫、麻天牛。

6. 鳞翅目

鳞翅目昆虫的种类仅次于鞘翅目昆虫，是昆虫纲中的第二大目。鳞翅目昆虫体型有大有小，口器为虹吸式，但有些鳞翅目昆虫的口器已经退化，其幼虫对植物危害较大，成虫后一般不危害植物，如棉红铃虫、三化螟和甘薯麦蛾。

7. 膜翅目

膜翅目昆虫体型大小悬殊，口器为舐吸式或咀嚼式，其食性复杂，有植食性、杂食性。生活中常见的蜂和蚂蚁便属于膜翅目昆虫。

8. 缨翅目

缨翅目昆虫体型微小，身体细长，口器为锉吸式，多为植食性，少数为捕食性。缨翅目昆虫孤雌生殖现象非常普遍。

（三）园艺昆虫发生与环境的联系

园艺昆虫的发生与周围的环境存在着一定的联系，而研究这种联系对虫害的预测、防治具有非常积极的意义。在园艺栽培中，环境因子非常复杂，它们综合影响着园艺昆虫的发生，其中以土壤因素、气候因素与生物因素影响最大。

1. 土壤因素

土壤对园艺昆虫发生的影响主要体现在土壤湿度、土壤温度与土壤的理化性质上。

土壤温度一般随季节的变化而发生变化，而生活在土壤中的害虫，会随着土壤温度的变化做上下垂直运动，以找到适宜的生存温度，帮助其越冬。例如，蛴螬、蝼蛄等生存在土壤中的害虫，在冬季时便躲到土壤的深处越冬，待温度回升后便回到土壤表层危害植物。

土壤湿度包括土壤的含水量与土壤空隙的空气湿度。除表层土壤外，土壤湿度一般处于一个较高的值，而生活在土壤中的昆虫或需要在土壤中发育的虫卵适应了高湿度的环境，所以对土壤湿度的要求较高。如果遇到干旱，土壤湿度降低时，土壤中生活的昆虫或虫卵便会因干枯而死亡。

土壤的理化性质包括土壤的结构与土壤pH。有些昆虫，如麦红吸浆虫幼虫适宜生长在pH > 6的环境中，如果pH过低，便不能生存；有些昆虫，如黄守瓜幼虫对土壤结构也有要求，在黏土中的幼虫更容易化蛹。

2. 气候因素

气候因素是包括温度、湿度、光照和风等因素在内的综合性因素。

昆虫属于变温性动物，其体温会随着周围环境温度的变化而变化。如果周围的温度高，昆虫的体温也高，生长发育也会加快；如果四周的温度低，昆虫的体温低，生长发育的速度也会减缓。当然，昆虫对温度的要求也有上限，以温带地区为例，昆虫适宜生长的温度为 8 ~ 40℃，超过40℃，也不利于昆虫的生长发育。

湿度可以归结为水这一因素，因为水不仅是人类生存不可或缺的，也是昆虫生存不可或缺的。不同的昆虫类型，对湿度的要求存在很大的差异。有些昆虫，如小地老虎和盲蝽对湿度的要求很高，湿度越大，其产卵数量越多，且越容易孵化。而有些昆虫，如蚜虫和螨类，对湿度的要求非常低，在低湿环境下繁殖效率很高。

光对昆虫的影响不仅表现在趋光性上，还表现在对其生长发育的影响上。对昆虫来说，很多都具有"临界光周期"，即种群一半以上的个体停止生长发育的光照时长。例如，桃小食心虫，如果光照时间低于13 h，即便温度升高，其幼虫的生长发育也会停滞。

风直接影响着昆虫的迁移，同时通过影响空气的湿度和温度，间接影响着昆虫的生长发育。昆虫的迁移性是昆虫的习性之一，而风能够成为昆虫迁移的助力，帮助昆虫迁移到更远的地方。但如果风势过大，也会对昆虫造成伤害，尤其会对幼小的昆虫造成致命的打击。

3. 生物因素

生物因素也是综合性的因素，其对昆虫发生的影响主要体现在食物链、植物抗虫性与天敌等方面。

食物链也叫营养链，指生态系统中各种生物为维持其本身的生命活动，必须以其他生物为食物的这种由生物联结起来的链锁关系。在园艺植物栽培中，即便是在一个小小的园地中，同样存在着一条食物链，只是其环节较少而已。在一个链条中，各生物之间维持着一定的关系，保持着生物间的相对平衡。例如，当瓜田出现蚜虫并大量繁殖后，瓢虫便会随之大量出现，捕食蚜虫，然后瓜田重新恢复平衡。但是，瓢虫的发生相对滞后，在瓢虫捕食完蚜虫之前，很可能蚜虫已经对瓜田造成了严重的影响。所以在园艺植物栽培中，不能仅仅依靠食物链自身的调节，还需要采取一些人工措施，尽快消灭虫害。

植物的抗虫性指植物对害虫产生的抵抗反应，具体表现为抗生性、抗趋性和耐害性。抗生性指植物体内含有某些毒性物质，当害虫啃食植物后，会毒死害虫，以此来保护自己。抗趋性指植物体内存在某种物质，或其形态特殊，使昆虫在选择啃食植物时避开自己，从而起到保护自己的作用。耐害性指植物受到昆虫的啃食后，可以快速地愈合或恢复，将虫害降到最小。

天敌是食物链中不可或缺的一部分，生活在自然环境中的生物必然存在着天敌，即一个生物在吃另一个生物的时候，也必然会被其他生物所吃。昆虫生活在自然界中，自然也存在天敌，根据昆虫天敌存在的形式，主要分天敌昆虫和天敌微生物两种。天敌昆虫是以昆虫形态存在的天敌，可分为捕食性和寄生性两类。天敌微生物是以微生物形态存在的天敌，其对昆虫的危害主要通过微生物侵染致病死亡，包括细菌、真菌和病毒。随着微生物技术的不断发展，微生物防治虫害的应用广泛。

第二节 园艺植物病虫害的调查与预测

一、园艺植物病虫害的调查统计

（一）园艺植物病虫害的调查内容

1. 病虫害情况的调查

对某一个地区病虫害发生的时间以及发生的严重程度进行调查。如果某种病虫害常发，或者某种虫害危害程度较重，要对其进行重点调查，调查该病虫害的发生规律，并针对害虫进行生活习性的调查，从而为预测和防治提供依据。

2. 害虫与天敌情况的调查

某种害虫的出现必然会引起其天敌数量的增长，这是自然界食物链维持自身平衡的结果。在调查害虫发生情况的同时，应该针对性地调查其天敌的发生情况，从而更好地利用害虫天敌防治虫害。

3. 园艺植物受害程度的调查

发生病虫害后，需要对园艺植物的受害程度进行调查，一方面可以了解病虫害造成的经济损失，另一方面根据园艺植物受害程度衡量防治的措施和效果。园艺植物受害程度可以通过被害率、被害指数和损失率等表示。

（二）园艺植物病虫害调查的基本步骤

园艺植物病虫害的基本调查步骤分一般调查和重点调查两步。

1. 一般调查

当对一个地区病虫害知之甚少时，需要先进行一般调查，对病虫害有一个初步的了解。由于是初步了解，所以调查2～3次即可，而且不求精确，只求广泛，既包括内容上的广泛，又包括时间上的广泛。简单来说，就是对多种植物的病虫害发生情况进行调查，并对植物几个重要生长期（如幼苗期、花期和结果期）的病虫害情况进行调查，从而对该地区病虫害的情况有一个大致的了解。

2. 重点调查

经过一般调查，对一个地区的病虫害情况有了初步的了解之后，便可以针对某些常发性的或者危害较为严重的病虫害进行重点调查。与一般调查不同，此次调查不求广，只求精准，所以调查次数要多，调查的内容要深入且详细，如病虫害分布情况、植物被害程度、发病率、防治方法和防治效果等。具体可参见表6-1。

表6-1 植物病虫害重点调查表

调查内容	调查时间	调查地点
病虫害名称及症状		
病虫害园地分布情况		
植物被害的程度		
植物情况（包括名称、品种和种子来源等）		
土壤情况（包括肥沃程度、含水量、有无土壤问题等）		
植物栽培情况（包括施肥情况，灌水、排水情况等）		
气候情况（包括病虫害发生前的温度变化、有无降雨及降雨大小、有无大风）		
采取的防治方法与效果如何		
群众对防治此类病虫害的建议或经验		

（三）园艺植物病虫害的取样

对某个地区的园艺植物病虫害进行调查时，不可能对每个地方的每一株植物进行详细的调查，所以常常需要选定一些样本，通过对样本的调查、分析和研究，推测整个地区的植物病虫害情况。由于园艺植物病虫害的情况非常复杂，研究人员在选取样本时一定要注意样本的代表性和均匀性，这样才能最大限度地降低样本研究结果与整体的差异。

1. 取样的方式

（1）典型取样。典型取样就是依据研究人员的主观认识选取能够代表整个地区的样本。典型取样是基于经验认知做出的决定，带有一定的主观成分，所以需要研究人员对全局情况有一个清楚的认知，这样才能更好地发挥经验的作用与价值，做出更为准确的选择。典型取样法能够节约大量的人力和时间，在已经掌握一个地区病虫害的详细资料之后，同时人力不足时，可以采取此方法。

（2）随机取样。从某种意义上来说，园艺植物病虫害的发生也是随机事件，所以可以采取随机取样的方式。需要注意的是，"随机"并不是"随便"，而是有一定的方法可循，是经过科学论证的一种取样方式。目前，随机取样常用的方法有以下几种。

①五点取样法：当取样区域为方形或接近于方形时，可采取五点取样法，即先用对角线确定中心点，然后以中心点为固定点（第一个样本点），再在对角线上选择四个与中心样点距离相等的点作为另外四个样点，如图6-1所示。

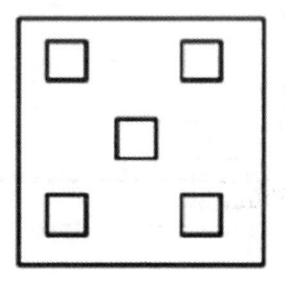

图6-1 五点取样法

②棋盘取样法：将园地按照棋盘的方式划分成一个一个的小格，每一个小方格取一个样本，并保证每一个样本的相邻的方格中不选取样本，如图6-2所示。

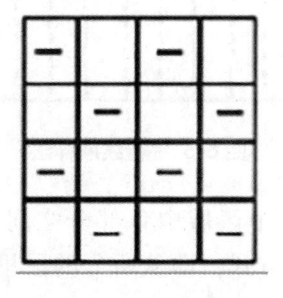

图6-2 棋盘取样法

③对角线取样法：对角线取样分单对角线与双对角线取样。单对角线取样就是从其中的一条对角线中均匀选取样本，双对角线取样就是从两条对角线中均匀选取样本。相对来说，双对角线取样法更为均匀，也更为可靠。图 6-3 为双对角线取样的示意图。

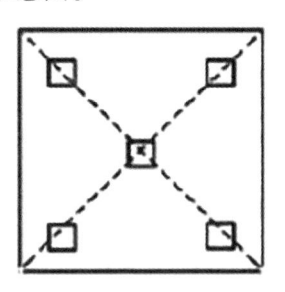

图 6-3 双对角线取样

④"Z"字形取样法：如果园艺植物病虫害分布不均匀，可采取"Z"字取样法，使所画"Z"字多经过植物分布较密集的地区，如图 6-4 所示。

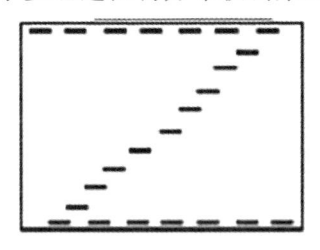

图 6-4 "Z"字形取样法

⑤平行线取样法：以平移的方式，每隔一段距离，选取一行作为取样的区域，如图 6-5 所示。

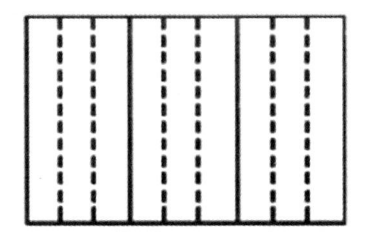

图 6-5 平行线取样法

（3）分段取样。当一个区域中各部分之间病虫害的分布呈现较大差异时，可采取分段取样的方式，即从所分的段里随机取样，然后进行加权平均。

2.取样的数量

确定取样方法之后,在具体的取样操作中,还需要确定取样的数量。相对而言,取样数量越多,得到的结果越准确,但耗费人力较多;而取样数量较少,虽然节约人力,但得到的结果难以保证。因此,确定适宜的取样量也非常重要。取样量的多少,决定于害虫田间分布均匀程度及虫口密度大小。一般地,虫口密度大时,样点数量可适当少些,每个样点可稍大些,否则应增加样点数而每个样点可稍小些。在确定取样数量时,还必须考虑调查时所要求的精确程度高低,即在取样估计值中我们能允许的误差范围的大小。

(四)园艺植物病虫害调查资料的统计计算

对园艺植物病虫害进行统计计算时,常会用到发病率、病情指数、被害率和被害指数等指标。

1.园艺植物病害的资料统计计算

(1)发病率。发病率指所调查的园艺植物中,发病植株占调查植株的比例。发病率不能表示病害的严重程度,只能以此初步判断发生病害的植株数量,计算公式如下:

$$发病率(\%) = \frac{发病植株的数量}{调查植株的数量} \times 100\%$$

(2)病情指数。发病率不能反应病害的严重程度,所以为了进一步了解园艺植物的受害轻重,还需要将植物的发病程度进行分级后再进行统计计算,这样可以明确反应植物发病的严重程度。计算公式如下:

$$病情指数 = \frac{\sum[各级发病植株数(茎、叶和果) \times 相应等级分数]}{调查植株(茎、叶和果)的总数 \times 最高等级分数} \times 100\%$$

在计算病情指数之前,需要先进行分级计数调查,这一工作内容需要在上一步的调查阶段完成。而分级标准因植物的部位不同而异,以叶片为例,可参考以下标准。

0级:无病害。

1级:病害面积占叶片面积的5%以下。

3级:病害面积占叶片面积的6%~10%。

5级：病害面积占叶片面积的11%～25%。

7级：病害面积占叶片面积的26%～50%。

9级：病害面积占叶片面积的50%以上。

例如，调查了300片叶子，其中0级叶子50片，3级叶子80片，5级叶子100片，7级叶子60片，9级叶子10片，那么病情指数的计算如下：

$$病情指数 = \frac{0\times50+3\times80+5\times100+7\times60+9\times10}{300\times9}\times100\%$$

病情指数越大，说明病害的严重程度越高，否则越低。

（3）损失率。病情指数表示的是病情的严重程度，如果我们需要了解病情发生导致的产量损失，可以通过计算损失率来得到相应的数据。其计算公式如下：

$$损失率 = 损失系数 \times 发病率$$

损失系数的计算如下：

$$损失系数（\%）=\frac{未发病植株的单株产量-发病植株单株的产量}{未发病植株单株的产量}\times100\%$$

（4）商品率。园艺植物具有商品性，有时病害的发生对产量影响较小，但对品质的影响很大，从而导致园艺植物产品的经济价值降低。这时，便不能用损失率表示其经济损失，而要用商品率表示其经济损失。通常情况下，商品率指能够符合市场一般要求以上的产品商品性。其计算应根据具体情况与市场要求而定。

2.园艺植物虫害的资料统计

（1）被害率。被害率指所调查的园艺植物中，受虫害的园艺植物数量占调查总数的比例。与发病率一样，被害率只能表示受虫害的株数的占比，不能表示虫害的严重程度，其计算式如下：

$$被害率（\%）=\frac{受虫害植株的数量}{调查植株的数量}\times100\%$$

（2）被害指数。同病情指数一样，要了解虫害的严重程度，也需要计算出被害指数，计算方式与病情指数相似，计算式如下：

$$被害指数 = \frac{\sum[各级受虫害数量（茎、叶和果）\times相应等级分数]}{调查植株（茎、叶和果）的总数\times最高等级分数}\times100\%$$

园艺植物虫害的分级也有标准，以蚜虫为例，蚜虫会对植物叶子产生危害，其危害分级标准如下。

0级：没有蚜虫。

1级：有蚜虫，但叶片未受到危害。

2级：有蚜虫，叶片出现皱缩不展的现象。

3级：有蚜虫，叶片皱缩呈半圆形。

4级：有蚜虫，叶片皱缩严重，全卷，呈圆形。

其具体计算可参考病情指数的计算，所以在此笔者便不再举例说明。

（3）损失率与商品率。虫害的损失率与商品率同病害的统计计算方式相同，所以笔者不再赘述。

二、园艺植物病虫害的预测

正所谓"治不如防"，当病虫害发生之后，即便治理的效率再高，也或多或少会对园艺植物造成危害，所以对园艺植物病虫害进行预测，并就此制定预防措施，从而降低病虫害的危害，甚至防止病虫害的产生，对园艺植物栽培来说具有非常重要的意义。

（一）园艺植物病虫害预测的类型

1. 依据预测时间的长短分类

依据预测时间的长短，可将预测类型分为短期预测、中期预测和长期预测三类。短期预测一般预测的时间较短，从几天到十几天不等。中期预测一般都是跨世代的，所以时间较长，多在1个月以上，具体依据预测害虫的种类而定。长期预测跨两个及两个以上的世代，所以时间更长，一般达数月，甚至跨年。长期预测因为跨两个及两个以上的世代，预测难度较大，所以需要多年的较为系统的资料支撑。

2. 依据预测内容分类

依据预测内容的不同，可分为发生期预测和发生量预测。发生期预测在园艺植物的病虫害防治中非常重要，因为有些病虫害发生之后治理起来非常困难。如地老虎、飞蝗，必须在3龄之前消灭，因为它们后期的抗药性很强，且食量大，如果不在3龄之前消灭，会对园艺植物造成严重的危害。发生量的预测就是对害虫数量变化的预测，有些害虫其数量的浮动较小，发生量预测的意义不大；但有些害虫数量的浮动较大，有时甚至会呈现暴发性的

特点，而一旦害虫暴发，将会对园艺植物造成严重的危害，对于此类害虫，发生量的预测非常有意义。

（二）园艺植物病虫害预测的方法

1. 园艺植物虫害的预测方法

（1）期距法。每个虫态的出现都有"期距"，即昆虫由前一个虫态发育到后一个虫态，或者从前一个世代发育到后一个世代的时间间隔。知道了昆虫的"期距"，便可以根据昆虫当前的形态，推测下一个虫态的发生期，或推测下一个世代的发生期，从而提出防治建议与方法。

（2）物候法。生物在长期的进化过程中，形成了与气候相适应的生长发育节律，这种现象被称为物候现象。比如，我们熟知的候鸟迁徙、惊蛰，都是物候现象的一种体现。昆虫作为自然界中生存的物种，自然也存在物候现象，即在不同的时期，昆虫会出现相应的表现。找到昆虫的物候现象，便可以预测昆虫某一虫态出现的时期，从而有针对性地制定防治措施。

（3）经验指数预测法。利用经验指数也可以初步预测一段时间内害虫的消长趋势。常用的经验指数有温湿系数和温雨系数，二者的计算方式如下：

$$温湿系数 = R/T-C$$

$$温雨系数 = P/T-C$$

式中：R 为月平均相对温度，T 为月平均温度，C 为该害虫发育的起点温度，P 为月总降雨量。

（4）昆虫预测法。环境因素是影响昆虫发生的一个因素。当环境因素发生变化时，昆虫在外形特征或者内部生理结构上也会发生相应的变化，而昆虫所出现的这些变化也可以作为一个预测虫害的指向标。例如，某些种类的飞虱有长翅和短翅之分，长翅型的产卵量较小，短翅型的产卵量较大，当发现种群中长翅型数量减少，而短翅型数量增加时，则预示着该飞虱的数量将增加，需要采取相应的防治措施。

2. 园艺植物病害的预测方法

（1）综合分析法。在分析历史资料的基础上，结合当前园艺植物生长的状况以及各种环境因素，进行综合性分析，从而预测病害可能的发展情况。

（2）数理统计预测法。在分析历史资料的基础上，结合与病害发生有关的因子，建立起它们与病害发生之间可能存在的一种数学关系，然后用多元回归和判别分析等多变量统计方法来对病害的发生进行预测。

（3）模型法。如今，计算机的发展已经相对成熟，可以借助计算机建立虚拟模型，然后将影响病害发生的因子录入模型之中，从而通过虚拟模型的演变预测病害的发生。

第三节　园艺植物病虫害防治的基本方法

自园艺植物栽培开始，病虫害的防治便成了人们重点关注的一个话题，而在长期的实践中，人们形成了各种各样的病虫害防治方法，通过对这些方法进行分析与总结，我们可以将其归纳为以下五类。

一、法规防治

（一）法规防治的概念及其意义

1. 法规防治的概念

法规防治又被称为植物检疫，即通过强制检疫的方式防止有害生物随着植物的流通而传播。植物检疫具有法律强制性，由政府相关部门或政府授权的检疫机构执行，其执行的依据是国务院 1983 年 1 月 3 日发布的《植物检疫条例》，该条例在 2017 年做了第二次修订。

2. 法规防治的意义

在自然条件下，植物病、虫虽然可以借助自然动力实现迁移或扩散，如一些昆虫借助风力实现远距离的迁移，但病、虫迁移的能力是有限的，而且在借助自然动力的同时，它们同样受到自然因素的限制，如高山、沙漠和海洋等自然屏障，往往是植物病、虫难以逾越的。因此，在自然条件下，植物病、虫的分布带有一定的地域性。例如，2020 年，印度和巴基斯坦遭受了蝗虫的侵害，并且蝗虫东移的势头猛烈，很多人担心会飞到中国，对中国的农业生产造成危害。其实，在中国的西边，有一个天然的屏障，那就是世界上海拔最高的山脉——喜马拉雅山脉，其高度足以将蝗虫阻挡在国门之外。

当然，如果人为因素介入，便可以实现植物病、虫的跨地区甚至跨国家的转移。其实，在前文笔者也曾指出，引入其他地区或国家的种质资源对

丰富本地区的种质资源具有非常积极的意义，这一点无可非议，但一定要预防病、虫的传入。从生态平衡的角度去看，某一个地区各种生物之间必然存在着某种相互制约的关系，使本地区的生态系统得以维持平衡。而外来生物介入之后，很可能会打破这种平衡，尤其当该地区适宜此种生物生长，且没有此种生物的天敌时，该生物便会迅速地繁殖和传播，进而对园艺植物的栽培造成严重的危害。因此，为了避免这种情况的产生，包括中国在内，很多国家都制定了检疫法令，对调运的植物以及植物产品进行病、虫检疫，从而限制危险性病、虫的传入。

（二）植物检疫的对象、任务与方法

1. 植物检疫的对象

病虫害的种类非常之多，对所有的病虫害进行检疫几乎是不可能完成的任务，所以需要确定检疫的对象。一般情况下，检疫对象的确认需要遵循以下几项原则：其一，国内或本地区尚未发现的病虫害；其二，危害性大的病虫害，一旦传入，便可能对园艺业产生巨大的危害，并且治理难度很大；其三，能够随植物及其产品，甚至能够随包装材料传入的病虫害。至于具体的检疫对象，通常都是根据国家或地区的实际需求以及病虫害的特点而定。例如，我国农业部在1992年印发了《中华人民共和国进境植物检疫危险性病、虫、杂草名录》，该名录明确列出了植物入境时哪些病、虫和杂草必须检疫。

2. 植物检疫的任务

植物检疫的任务主要包括以下三个方面。

第一，做好国内进口以及国内地区间调运的植物、植物产品及其外包装的检疫工作。

第二，查清检疫对象的主要分布及危害情况和适生条件，并根据实际情况划定疫区和保护区。

第三，做好植物出口的检疫工作，因为国际贸易是双向的，我们在做到不引植物病虫害入境的同时，要做到不向外输送植物病虫害。

3. 植物检疫的方法

植物检疫的方法很多，包括直接检验、过筛检验、隔离试种检验、分离培养检验、解剖检验、种子发芽检验、洗涤检验、荧光反应检验、染色检验、比重检验、漏斗分离检验、噬菌体检验、生物化学反应检验、电镜检验、血清检验和 DNA 探针检验等。根据需要检疫植物的种类以及病虫害特征的不同，可选取不同的检疫方法，有时为了提高检疫的准确度，也可以同时采取多种检疫方法。

二、园艺技术防治

（一）园艺技术防治的概念

园艺技术防治是基于园艺植物栽培技术的一种病虫害防治方法，即在系统分析园艺植物、病虫害与环境三者相互关系的基础上，通过改进栽培技术，创造出有利于园艺植物生长而不利于病虫害发生的栽培环境，进而实现对病虫害的有效防治。农业技术防治更偏重于"防"，即通过栽培技术的改善将病虫害发生的概率降到最低，但同样有发生病虫害的概率，而当病虫害发生时，仅仅依靠环境上的优势作用很难控制和解决，所以还需要采取其他的措施。

（二）园艺技术防治的措施

1.选用抗病虫害能力较强的植物种类

抗病虫害较强的植物能够在一定程度上抵抗病虫害的侵袭，这也是现代育种研究的一个方向。随着育种技术的不断发展，已经培育出了很多具有较强抗病虫害能力的品种。在选择栽培的园艺植物时，如果满足栽培的需求，可以优先选择那些抗病虫害较强的品种。

2.加强园艺植物的栽培管理

（1）合理轮作。长期种植单一的园艺植物，不仅容易导致土壤问题，还容易导致病虫害的猖獗，因为单一的种植模式为病虫害提供了稳定的生存环境，而在稳定的生存环境下，病害容易传播，虫害容易暴发，所以在条件满足的基础上，应该合理地进行轮作。尤其对一些在土壤中越冬的害虫以及土传病害来说，轮作是一种非常好的解决措施。轮作的植物可针对病虫害的种类选择，即选择那些不易被这些病虫害侵染的植物种类，从而降低病虫害的基数。

（2）中耕和深耕。通过中耕和深耕，不仅能够改变土壤的理化性质，

提升土壤的肥力，还可以达到破坏病原菌与害虫生存环境的目的。此外，通过翻耕土壤，可以将土壤深处的病虫害暴露于土壤表面，利用紫外线和氧气杀死病虫。

（3）覆膜。在早春时节，通过覆盖地膜的方式可以减轻叶部病害的发生，因为地膜阻隔了病菌的传播。同时地膜覆盖之后，地温升高，根部湿度加大，如果植株已经感染病害，会加速植株病害的显现，从而及时治疗或除去感染病害的植株。如图6-6所示，便是在对大榛子树进行覆膜处理。

图6-6 大榛子树树盘覆膜

（4）加强田间管理。田间管理是改善园艺植物栽培环境的有效措施，能在一定程度上控制病虫害的发生。比如，灌水与施肥一定要适量，灌水过多和施肥过多不仅不利于植物的生长，反而会促进病虫害的发生，所以一定要控制好施肥与灌水量。此外，杂草作为某些病虫害的中间宿主，也容易导致病虫害的发生，所以当园地出现杂草后，一定要及时除去。

三、物理防治

（一）物理防治的概念

物理防治指利用物理因子，包括人工器械防治植物病虫害的一种方法。物理防治对环境不产生污染，且见效较快，尤其随着科学技术的不断发展，物理防治已经突破了传统人工捕杀害虫和人工清除病株的方式，其应用范围越来越广。

(二) 物理防治的措施

1. 人工器械法

人工器械法指人利用简单的器械捕杀害虫、去除病株的方法。人工器械法的效率非常低下，但在没有其他防治方法的情况下，人工器械法可作为急救措施。

2. 阻隔法

阻隔法就是设置各种障碍，阻隔病虫害的传播，从而起到防治病虫害的作用。比如，前文提到的覆膜便是一种阻隔法，纱网阻隔、盖草等方法也能够起到一定的阻隔作用。

3. 温度处理

大多数的生物对生存温度都有一定的要求，过高和过低都不利于生长，甚至能导致生物体的死亡。在园艺植物病虫害的防治中，可以利用这一点，用高温或低温杀死植物种子中可能寄存的病原生物和虫卵。比如，将棉籽置于60℃左右的温水中30 min，可以有效预防炭疽病。又如，用日光晒种、沸水浸种的方式，可以将豌豆、蚕豆中的豌豆象与蚕豆象杀死而不影响它们的发芽率。此外，还可以对土壤进行热蒸汽处理，虽然少数耐高温的微生物和虫卵能够存活下来，但可以杀死绝大部分的病原生物和虫卵，大大降低土壤中病原生物与虫卵的基数。

4. 诱杀法

利用害虫具有的趋光、趋色和趋波的生物学特征，将光的波段、波的频率设定在特定的范围内，近距离用光，远距离用波，引诱成虫扑灯，灯外配以频振式高压电网触杀，达到杀灭害虫的目的。

四、化学防治

(一) 化学防治的概念

化学防治指利用化学药剂防治植物病虫害的一种方法。化学防治具有诸多的优点：应用面广，能杀死绝大多数的害虫和病菌；操作简单，既可以使用人工工具进行小范围的喷洒,也可以使用器械进行大面积的喷洒;见效快,不受季节和地域的限制。但化学防治同样存在诸多的缺点:化学药剂容易引起环境污染,也容易引起人、畜中毒;化学药剂在杀死害虫的同时,杀死了很多益虫,其中包括害虫的天敌;如果长期使用一种农药,可使某些病原生物或害虫产生抗药性,增加防治难度。目前,化学防治仍旧是园艺植物病虫害防治的主要手段,但面对化学防治存在的诸多缺点以及其导致的种种问题,寻求一种更安全、应用更广泛的防治方式,无疑是园艺植物病虫害防治工作的重心所在。

(二)化学防治的措施

化学防治主要是利用化学试剂,即农药。目前,农药的使用方法主要有以下几种。

1. 喷雾法

喷雾法是利用喷雾器将稀释后的药液喷洒成雾滴悬浮到空气中,再降落到植物表面的一种施药方法。根据用液量的不同,喷雾法可分为高容量喷雾、中容量喷雾、低容量喷雾与超低容量喷雾。高容量喷雾药液浓度低于 1 000 mg/kg,喷液量高于 50~75 L,雾滴的直径约为 400~1 000 μm;中容量喷雾药液浓度在 1 000 mg/kg 以上,喷液量为 12.5~50 L,雾滴直径为 250~400 μm;低容量喷雾药液浓度为 3%~10%,喷液量为 2.5~12.5 L,雾滴直径为 150~250 μm;超低容量喷雾药液浓度为 10%~60%,喷液量为 0.15~0.5 L,雾滴直径为 15~75 μm。

2. 喷粉法

喷粉法是利用喷粉机将药粉喷洒到植物表面的一种方法。该方法操作简便,功效较高,且不受水源的限制,一些干旱缺水的地区适宜采取此法。但相较喷雾法来说,喷粉法均匀性较差,用药量大,且不易黏附在植物表面,容易被风吹走或被雨水冲刷。

3. 熏蒸法

在密闭的设施内,通过熏蒸药剂,使药剂中有毒物质挥发,从而杀死设施内的病虫害。熏蒸法还可用于土壤熏蒸,但为了避免药剂对种子的损害,在熏蒸土壤后应等待一段较长的时间再播种。

4.毒饵法

毒饵法，顾名思义，即将药剂掺入害虫喜欢吃的食物中，利用农药的胃毒作用杀死害虫。毒饵法对地下害虫的防治非常有效。

此外，还有烟雾法、抹涂法和注射法等方法，笔者在此便不一一叙述。

五、生物防治

（一）生物防治的概念

生物防治，简单来说就是利用一种生物对付另一种生物。在病虫害防治的长期实践中，采用化学农药是最普遍的一种方法，但农药会对园艺植物和环境产生一定的危害，并且在长期使用农药的过程中，一些害虫逐渐产生了很强的抗药性，这时农药的施加不但不能杀死害虫，反而杀死了害虫的天敌，进一步导致了害虫的猖獗。而生物防治利用的是生物间的相克关系，不仅不会对园艺植物产生危害，更不会污染环境。

（二）生物防治的措施

1.利用捕食性天敌昆虫

捕食性天敌昆虫指以其他昆虫为食的昆虫。多数捕食性天敌昆虫在其生长发育的整个阶段都具有捕食性，即幼虫阶段和成虫阶段都会捕食，如瓢虫、螳螂；也有少数捕食性昆虫天敌，其幼虫阶段与成虫阶段的捕食性不同，如多数食蚜蝇，在幼虫阶段表现出捕食性，在成虫阶段反而很少捕食。目前，我国园艺栽培中应用比较多的捕食性天敌有草蛉、食螨和瓢虫等。

2.利用寄生性天敌昆虫

寄生性天敌昆虫是指寄生在其他昆虫体内或体表，以寄主体内器官或体液为食的一种寄生性昆虫。根据寄生虫寄生的部位不同，一般将其分为体内寄生和体外寄生。无论是体内寄生还是体外寄生，在长期的进化过程中，它们都形成了适应体外或体内环境的特有的形态。就害虫而言，同样存在寄生性天敌，有些害虫甚至存在几十种、上百种寄生性天敌昆虫，如玉米螟的寄生蜂就有八十多种。

3. 利用微生物

有针对性地利用病原微生物能有效防治病虫害，并且对环境的危害也非常小，是生物防治中非常有前景的一个研究方向。目前，应用较多的病原微生物有真菌、细菌和病毒。

（1）真菌。虽然已知的昆虫真菌多达数百种，但目前能够应用到害虫防治中的种类并不是很多，以绿僵菌和白僵菌为主，且主要应用于地老虎、玉米螟和斜纹夜蛾等害虫的防治。害虫被真菌侵染致死后，表现为虫体僵硬，并且会在虫体上出现白、绿等颜色的霉状物。

（2）细菌。苏云金杆菌和乳状芽孢杆菌是目前已知的昆虫病原细菌中应用较多的两种细菌，分别用于鳞翅目害虫和金龟甲幼虫的防治中。被细菌侵染致死的害虫，表现为虫体软化，有臭味。

（3）病毒。在植物病虫害的防治中，病毒的应用也越来越广泛，并且取得了不错的成效。被病毒侵染致死的害虫，表现为虫体变软，体壁破裂流出白色黏液，但无臭味。由于病毒只能在活体中生存，所以在培养昆虫病毒时，无法在培养基中培养，只能捕捉害虫并在害虫体内培养。当虫害发生时，便将培养有昆虫病毒的昆虫粉碎、溶解、稀释，然后喷洒到植物上。

4. 利用昆虫分泌的激素

昆虫激素是一种化学信息物质。根据分泌器官的不同，昆虫激素可分为内分泌激素和外分泌激素。昆虫激素对昆虫的生长发育、代谢和生殖等起到调节控制的作用。依据昆虫的这一生物学特征，可以利用昆虫分泌的激素抑制昆虫的生理活动，从而起到防治植物害虫的作用。在多种昆虫激素中只有一部分可用作农药。其特点是活性高、用量少（一般在 1 μg 以下的剂量即发生作用）、专一性强，且无公害。由于这类药剂与传统杀虫剂毒杀害虫的致死作用不同，故也称作"软杀虫剂"或第 3 代杀虫剂。

第七章 不同种类园艺植物的病虫害绿色防治方法

第一节　果树类园艺植物病虫害防治

一、蔷薇科果树病虫害的防治

（一）蔷薇科果树常见虫害的防治

1. 食叶害虫及其防治

（1）食叶害虫。食叶害虫以叶片为食，导致叶片呈缺口状，严重时甚至只剩下叶脉。因为叶片负责光合作用，当叶片被啃食后，会严重影响果树的光合作用，从而影响果实的品质与产量。很多害虫都是以叶片为食，如天幕毛虫、苹果枯叶蛾、舞毒蛾、草掌舟蛾与桃天蛾等。

（2）食叶害虫的绿色防治方法。①诱杀成虫：利用天幕毛虫、舞毒蛾与桃天蛾的趋光性，在果园中设置黑光灯诱杀成虫。②利用天敌：利用寄生蜂、线虫和细菌等天敌防治食叶害虫。③消灭越冬虫茧：在春季时翻树盘，消灭土壤中越冬的虫茧、虫蛹，降低害虫的化蛹率。

2. 吸汁害虫及其防治

（1）吸汁害虫。吸汁害虫指具有刺吸式口器的一类害虫，它们主要以植物的汁液为食。植物受害后，叶片常常会因为流失汁液发生卷曲、失绿和皱缩等现象，严重时会导致枝梢失绿萎蔫、弯曲下垂，甚至枯死。例如，草履蚧、梨圆蚧、苹果绵蚜和苹果全爪螨等害虫，都属于吸汁类害虫。

（2）吸汁类害虫的绿色防治方法。①诱杀法：有些吸汁类害虫，如蚜虫类，具有趋黄性，可悬挂黄板诱杀成虫。②利用天敌：吸汁类害虫的天敌也很多，同样以蚜虫类吸汁害虫为例，其天敌有瓢虫、草蛉和食蚜蝇等，保护和利用好这些天敌昆虫对蚜虫具有很好的防治作用。

3. 蛀果、吸果害虫及其防治

（1）蛀果、吸果害虫。蛀果、吸果害虫主要以果树的果实为食，如桃小食心虫、梨小食心虫和吸果蛾等。以桃小食心虫为例，幼虫从果实顶部或胴部蛀入，蛀入后会在果实表面留下一个虫洞，但随着果实的生长，虫洞会逐渐愈合，最后只剩下一个针尖大小的黑点。由于害虫在虫道内生存，虫粪会积累到虫道中，最后形成所谓的"豆沙馅"。

（2）蛀果、吸果害虫绿色防治方法。①园艺措施：在越冬幼虫出土前，更换新土或者覆盖地膜，防止成虫飞出产卵。②利用天敌：以桃小食心虫为例，其天敌很多，如甲腹茧蜂、长距茧蜂和齿腿姬蜂等，可以针对常发害虫种类，在害虫发生前饲养天敌昆虫，在害虫暴发后释放。③套袋保护：蔬果杀虫后套袋，利用果袋隔绝的作用达到防治害虫的目的。

4. 枝干害虫及其防治

（1）枝干害虫。枝干害虫主要以果树的枝茎为食，如桃红颈天牛、金缘吉丁虫和苹果透翅蛾。以金缘吉丁虫为例，幼虫会蛀食枝干的韧皮部、木质部，被蛀食处的枝干呈现褐色或黑色，随着幼虫的蛀食，枝干后期会出现纵裂，严重者甚至会枯死。

（2）枝干害虫绿色防治方法。①利用天敌：以桃红颈天牛为例，其天敌有天牛肿腿蜂、啮小蜂等，可人工饲养释放。②人工防治：成虫羽化后大多有树冠活动，如交尾和产卵，这时可采取人工捕杀的方法，并寻找产卵槽，及时消灭其中的卵。

（二）蔷薇科果树常见病害的防治

1. 苹果树腐烂病及其防治

（1）苹果树腐烂病。苹果树腐烂病是发生在苹果幼树阶段的一种病害，其症状有溃疡和枯枝两种。溃疡主要发生在幼树的主干上，发病部位大小不定，呈不规则形，但发病部位的组织糟烂，外力挤压后会流出红褐色的汁液。枯枝主要发生在小枝上，全枝会迅速脱水死亡。

（2）苹果树腐烂病的绿色防治方法。①剪掉病枝：在修枝条的过程中，及时剪掉病枝，减少病菌的传播。②敷泥治疗：如果发生腐烂病，可在发病处敷泥，其面积超出发病外缘 6 cm 左右，厚度为 4 cm 左右，然后用牛皮纸扎紧。

2. 轮纹病及其防治

（1）轮纹病。轮纹病是苹果树与梨树中较为常发的一种病，且症状相似。受病害后,枝干处会形成稍稍凸起的褐色小斑点,随着病害的加重,斑点会逐渐扩大,且颜色变深。轮纹病还会侵染果实。受害初期,果实表面会出现浅褐色的圆形斑,随着病害的加重,病斑不断扩大,最后呈轮纹状,故称轮纹病。

(2)轮纹病的绿色防治方法。①果实套袋:轮纹病对果实的危害很大,随着病斑的扩大会引起果实的腐烂,通过果实套袋可以阻隔病菌,降低发病率。②病部治疗:当果树枝条上出现少量病斑时,可用刀将病斑刮除,然后涂抹杀菌剂保护伤口,避免病菌再次侵入。刮除的病部组织要集中焚烧,切忌留在园内。

3. 桃树黑星病及其防治

(1)桃树黑星病。桃树黑星病又叫疮痂病,病原为半知菌亚门丝孢纲丝孢目嗜果枝孢菌。该病主要危害果实。发病后,果实肩部长出暗褐色的小点,随着病情的加重,斑点逐渐扩大,严重时斑点甚至聚合成片。病菌对果实的侵染一般限于表皮组织,所以即便病斑聚合成片,也不影响果实的生长,但随着果实增大,病斑处会出现龟裂,呈疮痂状,故有"疮痂病"之称。另外,该病菌也能侵染植株的枝叶,枝梢发病后,也会出现病斑,病斑呈暗绿色,且经常出现流脓现象;叶片发病后,会在叶片上出现不规则的灰绿色病斑,当病斑干枯脱落后,叶片上会形成孔洞,严重时可引起叶片脱落。

(2)桃树黑星病的绿色防治方法。①栽培抗病品种:对于经常发生该病的地区,应选择抗病性较强的品种,如油桃中的极早红、千年红和燕红等品种。②冬剪与夏剪:因为该病病菌以菌丝在枝梢的病部越冬,所以为了减少甚至消灭病原,应结合冬剪剪除病枝;另外,透风透光条件较差、湿度较大都有利于该病的发生并加重病情,所以要重视夏剪,保证园地通风透光。③提早套袋:该病主要危害果实,所以可以通过提早套袋的方式阻隔病害的传播与蔓延。

4. 褐腐病及其防治

(1)褐腐病。褐腐病又叫菌核病,是发生在桃树、杏树、李树等果树上的一种重要病害,危害植株的花、叶、枝干与果实,其中,以果实受害最为严重。叶片受害后,叶片边缘处首先变为褐色,并很快向叶片中心蔓延,

导致整个叶片枯萎,但叶片不会脱落;花蕾受害后会导致花腐,引起花蕾的枯萎,但同叶片一样,不会脱落;枝蔓受害后会形成凹陷的病斑,病斑处常常流脓,且会形成灰色的霉层;果实受害后,果实表皮出现褐色的圆斑,然后病斑迅速扩大,包裹整个果实,导致果实软腐或干缩呈黑色僵果,软腐的果实非常容易脱落,而干缩后的黑色僵果却不易脱落。

(2)褐腐病绿色防治方法。①冬剪与夏剪:病菌主要在僵果(落地或挂在树上)或枝梢的溃疡斑上越冬,所以在冬剪时剪去病枝,从而减少甚至消灭病原;另外,高湿温暖有利于该病的流行,所以要注意夏剪,防止枝叶过密,保证良好的通风条件。②果实套袋:有伤口的果实更容易被病菌侵染,通过套袋处理可以减少对果实的损伤,从而降低病菌侵入的概率;同时,果实套袋保护之后起到阻隔病菌传播的作用,从而防止病害的流行。

二、鼠李科果树病虫害的防治

鼠李科是双子叶植物纲鼠李目的一个大科,有58属,大约900种,中国有14属,大约130种。在众多的种类中,枣是我们比较熟知的一种,在我国北方地区分布较多,所以在本小节针对鼠李科果树病虫害的防治中,笔者将以枣树为例展开论述。

(一)鼠李科枣树常见病害防治

1. 枣锈病及其防治

(1)枣锈病。枣锈病又叫"枣雾",病原为担子菌亚门的枣层锈菌。该病只危害植株叶子,发病初期在叶片背部出现淡绿色的病斑,随着病情的发展,病斑颜色逐渐转为暗黄褐色,且出现凸起,即夏孢子堆;夏孢子堆相对的叶片正面,有不规则的绿色病斑,后病斑颜色逐渐转为棕色,再变为褐色,最后干枯脱落。枣锈病不会危害果实,但发病后常常会引起叶片的大量脱落,从而影响植株的长势,进而影响产量与品质。

(2)枣锈病的绿色防治方法。①清除落叶:因为该病的病菌主要在落叶上越冬,所以在枣树落叶后要及时清除落叶,减少越冬病原菌。②做好预测:结合往年病害发生数据,总结病害容易发生的时期,然后在病害可能发生的初期做好对病害的预测,可采用孢子捕捉法。具体操作如下:用载玻片涂甘油或凡士林,每两片为一组,涂上甘油或凡士林的面向外,以绳固定,悬挂于枣林间，每 5 d 观察 1 次。当发现病害发生后，及时采取措施，避免病害的流行。

2. 枣褐斑病及其防治

（1）枣褐斑病。枣褐斑病又叫枣黑腐病，病原为聚生小穴壳菌。该病主要分布在河北、河南、陕西、山西等地，是发生在北方枣区的一种严重病害，对枣树的危害极大。该病主要危害枣树的果实，发病初期，在枣果的肩部或胴部出现浅黄色的病斑，随着病情的发展，病斑逐渐扩大，且颜色逐渐变成红褐色，严重时整个枣果都会变为褐色，甚至软腐。剖开受病害的枣果，果肉内也有黄色或褐色的病斑（病害越重，颜色越深），且果肉味苦，不能食用。

（2）枣褐斑病的绿色防治方法。①做好清园工作：及时清除落果，并剪除病枝，减缓病情蔓延并减少发病来源。②增强树势：该病的发生与树势有较大关系，树势较弱该病易发生，树势较强，该病不易发生，所以要采取一系列的措施增强树势，如增施有机肥；另外，环割会削弱树势，所以对于经常发生该病的地区，要减少对枣树的环割。

3. 枣疯病及其防治

（1）枣疯病。枣疯病是一种毁灭性的病害，发病数年后便可使枣树死亡，造成严重的损失。该病病原为类菌质体，是介于病毒和细菌之间的多形态的质粒。幼苗、成株均可感染此病，病树表现为丛枝、花叶和花变叶等单株特殊的症状。丛枝，指植株根和枝条的不定芽或腋芽萌发出大量的短枝，从根部萌发的短枝通常多而小，叶片颜色淡，秋季不易脱落；花叶，指在新梢顶端叶片上可见到黄绿相间的斑驳（轻微花叶），有时叶脉变透明，叶面凹凸不平，质地变脆；花变叶，指发病植株的花梗伸长，花蕊变成叶片状，雄蕊变成小叶，子房变成短枝，发生花变叶后病花失去结果能力。

（2）枣疯病绿色防治方法。①及时清除病株：发现病株后，要及时砍除病株，并焚烧处理，避免病情的传播与蔓延。②选用抗病品种：对于经常发生该病的地区，可栽培抗病性较强的品种，如长红枣、灵宝大枣。③防治传病昆虫：叶蝉是传播该病的一种重要虫媒，如橙带拟菱纹叶蝉、中华拟菱纹叶蝉、凹缘菱纹叶蝉等，应注意对传病昆虫的防治，以减轻病害。

（二）鼠李科枣树常见虫害防治

1. 枣尺蛾及其防治

（1）枣尺蛾。枣尺蛾又称枣尺蠖、枣步曲，属鳞翅目尺蛾科，在山西、陕西、河北等地均有分布，主要危害苹果树、枣树、桑树等果树。该害虫危害植株的叶片、花和嫩芽，严重时可将植株的花蕾与嫩芽吃光，致使植株不能正常开花结果，严重影响产量与品质。幼虫共有5龄，其食量随虫龄的增加而增加。幼虫还具有假死性，遇到震动惊扰即吐丝下垂。

（2）枣尺蛾的绿色防治方法。①树干基部绑带：在树干基部绑20 cm左右宽的塑料薄膜带，环绕树干一周，注意与树干贴紧，必要时可在薄膜带的下端涂抹防虫剂，以此阻止雌蛾上树产卵，同时可阻止幼虫孵化后爬行上树。②草环引诱：在树干基部绑塑料薄膜带的同时，在薄膜带的下面绑上一圈草环，引诱雌蛾在草环上产卵，每隔10 d左右更换一次草环，更换下来的草环焚烧处理。③利用天敌：枣尺蛾的天敌有肿跗姬蜂、家蚕追寄蝇和彩艳宽额寄蝇等昆虫，应加以保护和利用。

2. 枣黏虫及其防治

（1）枣黏虫。枣黏虫又叫卷叶蛾、包叶虫，属鳞翅目卷蛾科，在山西、山西、河北、河南等地均有分布。该害虫主要以幼虫危害枣树的叶与果实。幼虫常常将叶片纵卷或者吐丝将数片叶子连缀到一起，并藏于其中啃食叶片；有时还会将叶片与果实连缀到一起，并从果柄处蛀食枣果，造成枣果脱落，严重影响产量与品质。

（2）枣黏虫绿色防治方法。①草环诱杀：在8月下旬，即第三代老熟幼虫潜伏化蛹期间，在枣树的主干上部或者主侧枝的基部绑上草环，引诱老熟幼虫潜伏其中化蛹越冬，早春时取下草环焚烧处理。②利用天敌：松毛虫赤眼蜂是枣黏虫的主要天敌，可在枣黏虫产卵初期、初盛期和盛期分别释放松毛虫赤眼蜂一次，释放的数量为3 000～5 000只，可达到非常好的防治效果。

3. 枣飞象及其防治

（1）枣飞象。枣飞象又叫小灰象甲、枣月象，属鞘翅目象虫科，在陕西、河北、山西等地均有分布。该害虫主要以成虫危害枣树的嫩芽幼叶。芽受害后尖端光秃，呈灰色，手触之发脆；若幼叶展开，则将叶咬成半圆形或呈锯齿形缺刻。或食叶尖，或将枣树嫩芽食光，严重影响产量与品质。成虫在夜间与清晨时多栖息于树上，但具有假死性，此时段如果出现震动惊扰，成虫会落地假死。

（2）枣飞象的绿色防治方法。①震落捕杀：因为成虫具有假死性，所以可在清晨时段震动枣树使其从树上坠落，然后捕杀。②树干基部绑带：此方法在防治枣尺蛾的同时可兼治此虫。③深翻树盘：6月左右，幼虫孵出后一般下潜入土中，以枣树的细根为食，9月后则继续下潜，潜入深度约为30 cm，所以可以在秋末冬初封冻前深翻树盘，使潜入土中的幼虫暴露在土壤表层，从而冻杀幼虫。

4. 枣绮夜蛾及其防治

（1）枣绮夜蛾。枣绮夜蛾又叫枣实虫、枣花心虫，属鳞翅目夜蛾科。主要以幼虫危害枣树的花与果实。在枣树的花期，幼虫吐丝缠绕花蕾，并钻到花序丛中取食花蕊和蜜盘，致使花蕾只剩下花盘和花萼，不能正常结果；在枣树的结果期，幼虫吐丝缠绕果柄，蛀食枣果，影响枣树的产量与品质。

（2）枣绮夜蛾的绿色防治方法。①草环诱杀：幼虫老熟时在树干上绑草环，引诱该害虫在草环中化蛹，然后集中焚烧。②生物防治：在幼虫发生期，可喷洒苏云金杆菌菌液（0.5亿孢子/mL）杀死害虫。

三、葡萄科果树病虫害的防治

（一）葡萄科果树常见虫害的防治

1. 葡萄透翅蛾及其防治

（1）葡萄透翅蛾。葡萄透翅蛾属鳞翅目透翅蛾科，在我国各地均有分布。其幼虫蛀食植物枝蔓，被害枝蔓内部形成孔道，影响了植物营养的输送，导致叶片枯黄脱落；同时，由于枝蔓内部被蛀，枝蔓易折断，影响树势及产量。该害虫一年只发生一代，成虫具有趋光性。

（2）葡萄透翅蛾绿色防治方法。①诱杀法：利用成虫的趋光性，悬挂黑光灯诱杀。②生物防治：将新羽化的雌成虫一只，放入用窗纱制的小笼内，中间穿一根小棍，搁在盛水的面盆口上，面盆放在葡萄旁，每晚可诱到不少雄成虫。

2. 葡萄天蛾及其防治

（1）葡萄天蛾。葡萄天蛾属鳞翅目天蛾科，在我国各地均有发生。其幼虫以叶片为食，被害叶片出现空洞，严重时整个叶片都会被吃光。该害虫一年发生1～2代，成虫具有趋光性。

（2）葡萄天蛾绿色防治方法。①诱杀法：利用成虫的趋光性，悬挂黑光灯诱杀。②生物防治：因为葡萄天蛾幼虫容易感染病毒病，所以可以从园地捡拾自然死亡的幼虫，将其溶解稀释200倍后喷洒于果实表面。

3. 葡萄短须螨及其防治

（1）葡萄短须螨。葡萄短须螨属蜱螨目细须螨科，在我国北方地区分布较为普遍，其若虫、成虫都会危害植株。叶片受害后，叶脉两侧出现褐锈色的病斑，严重时整个叶片失绿变黄，甚至脱落；果实被害后，果实表面会出现浅褐色的病斑，表面变粗糙，甚至出现纵裂，随着虫害的发展，果实的色泽进一步下降，且含糖量降低，品质下降。温湿度是影响葡萄短须螨发生的一个主要因素，在30℃左右，相对湿度80%～85%之间，极利于该害虫的繁殖与发育。

（2）葡萄短须螨绿色防治方法。①通风降湿：由于该害虫的发生受温湿度的影响很大，所以应保证园地良好的通风条件，降低湿度。②利用天敌：植绥螨、大赤螨是广食性的捕食螨，在园地人工释放此类捕食螨，对防治葡萄短须螨具有很好的效果。

（二）葡萄科果树常见病害的防治

1. 葡萄霜霉病

（1）葡萄霜霉病。葡萄霜霉病是严重危害葡萄科果树叶部的一种病害，其病原为葡萄霜霉菌。发病初期，叶片上出现水渍状的小斑点，随着病情的发展，斑点面积逐渐变大，且颜色逐渐变为褐色，最后各斑点连接到一起形成大斑，若病情继续发展，会导致叶片脱落。如果发病叶片周围湿度较大，在病斑的背面还会出现白色霜霉状物。此外，病菌也能侵染幼果，被害幼果的病变部位会出现褐色、变硬、下陷等现象，严重时会产生白色霜霉，甚至脱落。

（2）葡萄霜霉病绿色防治方法。①栽培抗病品种：以葡萄为例，美洲系统品种抗病性较强，对于一些常发生该病害的地区，可选择抗病性强的品种。②园艺措施：剪病枝、深耕等措施都有助于减少病原菌，从而降低发病的概率；此外，多施加磷肥、钾肥、有机肥也有助于提高植株的抗病能力。

2. 葡萄黑痘病及其防治

（1）葡萄黑痘病。葡萄黑痘病在我国各地均有发生，其病原为葡萄痂囊腔菌，主要危害葡萄的绿色幼嫩部分，其中果实受害最为严重。发病后，幼果上出现深褐色的小圆点，后逐渐扩大，扩大后的病斑呈圆形或不规则状，中央部分呈灰白色，灰白色部分中心生出小黑点，似鸟眼状，故有"鸟眼病"的俗称。当一个果粒上出现多个病斑，且各个病斑相连后会形成大斑。染病后，由于葡萄果粒受害较重，所以会导致产量的降低以及品质的下降。葡萄黑痘病的发生与流行和降雨、空气湿度以及植株嫩绿组织生长情况有关：多雨、湿度大，嫩绿组织生长态势良好，该病害易发生和流行；降雨少、湿度低，植株组织老化加快，病害受到抑制。

（2）葡萄黑痘病绿色防治方法。①选用抗病品种：康拜尔、玫瑰露、巨峰、吉丰14等品种对该病具有较强的抗性，在一些常发生该病的地区，可栽培抗病性较强的品种。②果穗套袋：及时对果穗进行套袋处理，可以起到隔绝病毒、保护幼果的作用。

第二节　蔬菜类园艺植物病虫害防治

一、十字花科蔬菜病虫害及其防治

（一）十字花科蔬菜常见病害及其防治

病毒病、霜霉病和软腐病是十字花科蔬菜中最常见的三大病害，所以在本小节的论述中，以这三种病害为例，阐述其防治方法。

1. 病毒病及其防治

（1）病毒病。病毒病的病原主要有黄瓜花叶病毒、芜菁花叶病毒、烟草花叶病毒等。在蔬菜生长的各个阶段都有感染病毒病的可能，但相对来说，苗期感染的概率更高，而且感染越早，其症状越严重。发病后，症状因蔬菜的种类不同而略有差异，如大白菜感染病毒病后，心叶上会产生浓淡不均的绿色斑，严重者甚至造成心叶畸形、植株矮化、僵死。

（2）病毒病的绿色防治方法。①选用抗病品种：相对于普通品种，杂交品种的抗病性更强，如青帮品种的白菜比白帮品种抗病性更强。②加强栽培管理：通过对病毒病发生的规律进行分析得出，早春温度偏高、雨水偏少的季节发病较重，秋季温度偏高、干旱少雨的年份发病较重，连作、排水差的园地发病较重，氮肥施用过量发病较重。基于此，在栽培管理中，要综合考虑该病的发病规律，通过有效的栽培管理将发病率降到最低。

2. 霜霉病及其防治

（1）霜霉病。霜霉病是由鞭毛菌亚门霜霉属寄生霜霉侵染所致，在全国各地普遍发生。北方主要以卵孢子在土壤中、种子表面、种子中越冬，或以菌丝体在植株上越冬，翌年春季卵孢子萌发，侵染十字花科蔬菜。蔬菜的整个生长期都可能受害，一般早春与晚秋时发病较为普遍，受害部位主要为叶片，而茎、花梗、果荚等部位也会受到不同程度的损害。发病初期，叶片上会出现淡绿色的小斑，随着病情的加重，病斑会转为黄色，并不断扩大，最后整片叶子变黄。

（2）霜霉病的绿色防治方法。①选用抗病品种：抗病毒病的品种一般对霜霉病具有一定的抗性，如青帮品种的白菜、疏心直筒型白菜。②合理轮作：由于病菌卵孢子在水中不易存活，所以可以采取水旱轮作的方式，即栽培一些喜水性的植物，然后通过大量的灌溉，降低土壤中病菌卵孢子的基数。

3. 软腐病及其防治

（1）软腐病。软腐病是由胡萝卜软腐欧氏杆菌胡萝卜致病亚种侵染所致，在全世界普遍发生。该病毒主要在病株和病残组织中越冬，翌年病菌通过昆虫、雨水和灌溉水传播，从伤口或生理裂口侵入寄主。软腐病危害期很长，在蔬菜生长以及运输的过程中都可能发生腐烂，从而造成严重的损失。发病初期，被侵染的组织呈半透明状，随着病情的加重，颜色由淡转黄并转为灰褐色，最后组织黏滑软腐，并伴有恶臭。

（2）软腐病的绿色防治方法。①选用抗病品种：抗病毒病以及抗霜霉病的蔬菜一般对软腐病也具有对应的抗性，如青帮品种。②加强田间管理：病毒一般从蔬菜的伤口或生理裂口侵入，所以可以通过加强田间管理，减少蔬菜自然裂口的方式降低病害侵入的概率。

（二）十字花科蔬菜常见虫害及其防治

1. 菜粉蝶及其防治

（1）菜粉蝶。菜粉蝶属鳞翅目粉蝶科，主要以十字花科蔬菜的叶片为食。其幼虫啃食叶片，只残留表皮，而随着幼虫的生长发育，啃食愈加严重，多数情况下只剩叶柄和叶脉。被啃食后的伤口容易诱发软腐病，导致病害与虫害同时发生，从而降低蔬菜的质量和产量。

（2）菜粉蝶的绿色防治方法。①农艺方法：避免连续栽培十字花科蔬菜，采取十字花科与非十字花科轮作的方式；蔬菜采收后，及时清理园地，并对土壤进行翻耕。②利用天敌昆虫：菜粉蝶的天敌昆虫很多，如凤蝶金小蜂、广赤眼蜂等，如果园地内的天敌数量不够，可采取人工释放的方式增加天敌的数量。

2. 小菜蛾及其防治

（1）小菜蛾。小菜蛾属鳞翅目菜蛾科，其幼虫可钻入叶肉内，在叶片内部啃食叶肉，残留表皮，所以被小菜蛾啃食的叶片往往会形成不整齐的透明斑。小菜蛾发育的适宜温度为20～30℃，所以3月—6月以及8月—10月是小菜蛾高发的两个阶段。

（2）小菜蛾的绿色防治方法。①物理防治：小菜蛾成虫具有趋光性，可以利用它的这一特点，在原地设置一些黑光等，诱杀小菜蛾成虫，减少虫源。②生物防治：青虫菌、苏云金芽孢杆菌对防治小菜蛾具有很好的效果，可以用其稀释液（一般稀释500～1 000倍）防治该害虫。

3. 斜纹夜蛾及其防治

（1）斜纹夜蛾。斜纹夜蛾属鳞翅目夜蛾科，是一种杂食性害虫。幼虫不仅啃食叶片，还啃食花蕾及果实，4龄以后，啃食的叶片仅留叶脉。斜纹夜蛾适宜的发育温度为30℃左右，所以高温年份或季节有利于其发育，而低温则会抑制其生长。此外，密植以及复种指数高的园地更有利于该害虫的发生。

（2）斜纹夜蛾的绿色防治方法。①园艺防治：如果发生斜纹夜蛾的虫害，在下一次的植物栽培中应降低植株的密度，并在收获后进行深耕，同时摘除卵块和群集危害的初龄幼虫。②物理防治：斜纹夜蛾的成虫也具有趋光性，所以同样可以利用黑光等诱杀；此外，斜纹夜蛾还具有趋化性，可以配制糖醋酒的混合溶液（糖、醋、酒、水的比例为3∶4∶1∶2）进行诱杀。

二、茄科蔬菜病虫害及其防治

（一）茄科蔬菜常见病害及其防治

1. 灰霉病及其防治

（1）灰霉病。灰霉病是危害茄科类蔬菜的重要病害，在全国各地普遍发生。其病原为灰葡萄孢菌，该病菌主要以菌核的形式在土壤中越冬，在春天温度适宜时，菌核萌发，产生分生孢子，而分生孢子随雨水或其他园艺操作传播开来。病菌侵入植物之后会迅速扩散，主要危害植物的花和果实，而优势茎、叶也会受到一定程度的损伤。发病后，幼果一般不会脱落，但当果实长到中期之后便会出现软腐现象，后期会在果实表面形成密集的白色霉层。

（2）灰霉病的绿色防治方法。①调节设施内的温度：因为灰霉病发病的适宜温度为20℃左右，所以可以通过调节设施内温度的方式防治该病害。②生物防治：将木霉微粒剂稀释500倍之后，喷洒到患病蔬菜的表面，该方法的防治效果高达80%以上。

2. 黄萎病及其防治

（1）黄萎病。黄萎病是茄子的主要病害之一，在国内的分布也非常广泛，其病原为大丽花轮枝孢菌，病菌主要以休眠菌丝体、拟菌核随病残体在土壤中越冬，翌年春季随农事活动在土壤中传播，最后从植物根部的伤口侵入。有些植物幼苗期由于根部未木质化，病菌也可以直接穿透其根部侵入体内。发病初期，叶片边缘或叶脉间会出现不规则的黄色圆斑，随着病情的发展，黄斑面积逐渐变大，颜色也由黄转褐，最终逐渐脱落。

（2）黄萎病的绿色防治方法。①温水浸种处理：用55℃的温水浸泡种子15 min，冷却后再进行催芽处理，然后播种。②嫁接防病：野生茄子对黄萎病具有较强的抗病性，所以可以用野生茄子做砧木进行嫁接，从而提高茄子的抗病性。

3. 炭疽病及其防治

（1）炭疽病。炭疽病是辣椒上的主要病害之一，其病原为辣椒炭疽病菌，染病后常引起幼苗落叶、烂果甚至死亡。高温、高湿、果实损伤等因素都有利于发病，且发病后，过量施加氮肥会加重病情。根据植株染病后症状的不同，可将其分为黑点炭疽病、黑色炭疽病和红色炭疽病三种类型。

（2）炭疽病的绿色防治方法。①园艺方法：由于高温、高湿、果实损伤以及过量施加氮肥是该病发病的有利因素，所以在蔬菜的栽培中，要注意控制上述因素。②种子处理：用55℃的温水浸泡种子5 min，冷却后再进行催芽处理，然后播种；此外，还可以用稀释后（一般稀释500～600倍）的50%的多菌灵浸泡种子20 min，然后用清水冲去种子表面残留的液体，晾干后播种。

（二）茄科蔬菜常见虫害及其防治

1. 烟粉虱及其防治

（1）烟粉虱。烟粉虱属同翅目粉虱科，其在全世界都有分布，且危害的植物种类非常广泛。烟粉虱的幼虫和成虫都会危害植物，主要以植物的汁液为食，从而导致植株生长弱势。成虫具有趋黄性，喜温，在25℃左右时产卵量较大，超过40℃后成虫死亡。

（2）烟粉虱绿色防治方法。①利用天敌昆虫：丽蚜小蜂是烟粉虱的天敌，可通过释放该天敌昆虫的方式防治烟粉虱。②黄板诱杀：烟粉虱成虫具有趋黄性，所以可以通过在黄板上涂刷机油的方式诱杀该害虫。

2. 美洲斑潜蝇及其防治

（1）美洲斑潜蝇。美洲斑潜蝇属双翅目潜蝇科，在世界范围内有广泛的分布，并且危害的植物种类多达百余种，而茄科蔬菜是其主要危害对象。雌虫产卵器可以刺伤叶片，然后吸食汁液和产卵，虫卵孵化之后啃食叶片。美洲斑潜蝇对黑光灯不敏感，但对黄色光谱较敏感，具有较强的趋黄性。

（2）美洲斑潜蝇的绿色防治方法。①利用天敌：美洲斑潜蝇的天敌有姬小蜂、反颚茧蜂、潜蝇茧蜂，通过释放这三种天敌昆虫，能够达到较好的防治效果。②灭蝇纸诱杀：以每亩（1亩≈666.67 m²）地设置15个诱杀的点，每一个诱杀点放置一张灭蝇纸的密度诱杀该害虫，灭蝇纸每隔3～4 d更换一次。

3. 棉铃虫与烟青虫的防治

（1）棉铃虫、烟青虫。棉铃虫和烟青虫是近缘种，都属于鳞翅目夜蛾科。由于是近缘种，两种害虫在习性上有相似的地方，如它们发育的最适宜温度都在25℃左右，相对湿度为65%～90%，都是喜温、喜湿型害虫。两种害虫的成虫也都具有趋化性与趋光性，对枯萎的杨、柳树枝以及黑光灯趋性较强。

（2）棉铃虫、烟青虫的绿色防治方法。①诱杀法：利用两种害虫的趋光与趋化性，用黑光灯或杨、柳树枝诱杀成虫。②利用天敌：赤眼蜂和草蛉是棉铃虫、烟青虫的天敌，可以通过释放上述两种天敌昆虫的方式防治。③生物防治：将苏云金芽孢杆菌乳剂稀释200～250倍喷洒于蔬菜表面。

三、葫芦科蔬菜病虫害及其防治

（一）葫芦科蔬菜常见病害及其防治

1. 霜霉病及其防治

（1）霜霉病。霜霉病是瓜类蔬菜中的常见病害之一，其病原为鞭毛菌亚门真菌古巴假霜霉菌，该病菌喜温，喜湿，最适发病的环境温度为15～22℃，相对湿度为90%以上。病菌侵入植株之后，发展十分迅速，从发病到流行仅仅需要几天的时间。发病早期，叶片上会出现淡黄色的小斑点，随着病情的发展，斑点颜色会逐渐转为黄褐色，如果环境湿度较大，叶片会逐渐腐烂，最后整株死亡。

（2）霜霉病的绿色防治方法。①选用抗病品种：以易感染该病菌的黄瓜为例，津研系列的黄瓜具有较强的抗病性，可栽培此品种。②园艺措施：由于该病菌喜湿，且湿度过大时会加重植物病情，所以一定要保证地块的排水性良好，切忌阴天灌溉，也切忌大水灌溉。

2. 枯萎病及其防治

（1）枯萎病。枯萎病也是瓜类蔬菜的常见病害之一，其病原为尖镰孢菌黄瓜转化型，该病菌喜暖，喜湿，在24～32℃以及相对湿度90%以上发育速度最快。蔬菜在苗期与成株期均可感染此病。如果在苗期发生此病害，幼苗表现为子叶萎蔫，幼茎腐烂，甚至倒伏；如果在成株期发生该病害，植株表现为矮化、叶小，并从下而上逐渐黄枯，最终枯萎死亡。

（2）枯萎病的绿色防治方法。①种子处理：用55℃的温水浸泡种子10 min，或者用稀释500倍后的50%多菌灵溶液浸泡种子1 h，催芽处理后再进行播种。②嫁接法：以黑籽南瓜做砧木嫁接黄瓜可提高其抗病性，并且可以达到增产的效果。③无土栽培：枯萎病是典型的土传病害，通过无土栽培可以有效防治包括枯萎病在内的所有土传病害。

3. 瓜类疫病及其防治

（1）瓜类疫病。瓜类疫病又被称为死藤，其病原为瓜疫霉菌，该病菌喜暖，喜湿，适宜生长温度为28～32℃，相对湿度为85%以上。就瓜类蔬菜而言，瓜类疫病是毁灭性的病害，其蔓延速度快，防治难度高，发病后，植物的茎、叶、果实都会受到损伤。

（2）瓜类疫病的绿色防治方法。①种子处理：用25%的瑞毒霉可湿性粉剂的600～800倍溶液浸泡种子30 min，洗净种子表面的溶液，催芽后播种。②选用抗病品种：同样以黄瓜为例，津研系列的黄瓜对此病也具有一定的抗性，可选用该品种的黄瓜。

（二）葫芦科蔬菜常见虫害及其防治

1. 瓜绢螟及其防治

（1）瓜绢螟。瓜绢螟属鳞翅目螟蛾科，主要以幼虫啃食叶片危害植物。由于成虫多产卵在叶片的背面，所以幼虫孵出后，先从叶背处取食，被啃食的叶片会出现灰白色网状斑块，随着虫龄的增加，除啃食叶片外，有时还会蛀入瓜内，危害果实。

（2）瓜绢螟的绿色防治方法。①防虫网：防虫网除了能有效防治瓜绢螟，还能够防治黄守瓜。②利用天敌：人工释放瓜绢螟的天敌昆虫——螟黄赤眼蜂，防治害虫。③诱杀法：利用瓜绢螟的趋光性，用黑光灯诱杀。④架设频振式或微电脑自控灭虫灯：该设备不仅对瓜绢螟有效，还可以减少蓟马、白粉虱的危害。

2. 黄足黄守瓜及其防治

（1）黄足黄守瓜。黄足黄守瓜属鞘翅目叶甲科，喜温，喜湿，成虫的耐热性很强，所以南方地区更为常见。其幼虫和成虫都会危害植物，幼虫啃

食土壤中的根茎，导致植株萎蔫死亡；成虫啃食叶片、嫩茎，啃食叶片时常常以自己身体为半径旋转啃食，所以被啃食后的叶片常常会出现圆形孔洞。

（2）黄足黄守瓜的绿色防治方法。①适时定植：在越冬成虫盛发期前，植株长出4～5片真叶时定植瓜苗，以减少成虫危害。②物理防治：在幼苗出土以后，用纱网将幼苗覆盖住，待幼苗生长一段时间后，揭去纱网，并在幼苗四周撒上一层厚约1 cm的草木灰或者锯木屑，防止虫卵成虫后危害植株根部。

四、豆科蔬菜病虫害及其防治

（一）豆科蔬菜常见病害及其防治

1. 豆类锈病及其防治

（1）豆类锈病。豆类锈病的病原为单胞锈菌，该病菌喜温，喜湿，在17～27℃、相对湿度95%以上时繁殖很快。虽然豆科蔬菜包含诸多种类，但各种类感染豆类锈病后的症状非常相似，即叶片背部先出现黄白色的小斑点，然后斑点面积逐渐扩大，形成锈褐色的疱斑，疱斑破裂后，散出红褐色的粉末。

（2）豆类锈病的绿色防治方法。①选用抗病品种：相较蔓生品种来说，矮生品种的抗病性更强。②合理轮作：每隔2～3年，种植一次非豆科蔬菜，降低该病菌的基数。

2. 菜豆炭疽病及其防治

（1）菜豆炭疽病。菜豆炭疽病的病原为菜豆炭疽菌，该病菌生长发育的适宜温度为21～23℃。菜豆炭疽病在全国各地均有发生，危害范围广，且幼苗期、成株期、贮藏期均有可能发病，严重影响着菜豆的产量和质量。幼苗期发病时，茎上会出现锈色的小病斑，病斑随着茎的生长而拉长，最后导致幼茎折断；成株期发病时，叶片上会出现病斑，随着病情的发展，病斑颜色从褐色逐渐变为黑色，其形状随叶脉扩展成三角形或多角形。此外，病菌还会侵染豆荚，造成烂荚，危害种子。

（2）菜豆炭疽病的绿色防治方法。①种子处理：用45%代森铵水剂500倍溶液浸泡种子1 h，或者用40%的福尔马林200倍溶液浸泡种子30 min，然后用清水冲洗掉表面的溶液，催芽后播种。②架材杀菌：由于菜豆炭疽菌可附着在架材上越冬，所以需要对架材进行杀菌处理。

（二）豆科蔬菜常见虫害及其防治

1. 豆野螟及其防治

（1）豆野螟。豆野螟属鳞翅目螟蛾科，喜温、喜湿，在多雨的夏季容易暴发。其幼虫以豆科蔬菜的花蕾、嫩荚和种子为食，对豆类蔬菜的产量和品质影响很大。豆野螟属成虫具有较强的趋光性，昼伏夜出，但飞翔能力弱，这一习性可为防治该害虫作参考。

（2）豆野螟的绿色防治方法。①生物防治：用每克含100亿个孢子的HD-Ⅰ或"7216"500～600倍悬浮液喷雾。使用生物农药应从开花期时防治，10～15 d后再喷一次，喷药的重点是蕾、花比较密集的地方，及早消灭初龄幼虫，防止扩散。②黑光灯诱杀：豆野螟成虫具有趋光性，可用黑光灯诱杀，由于其飞翔能力弱，黑光灯应置于害虫较为集中的区域。

2. 豆荚螟及其防治

（1）豆荚螟。豆荚螟属鳞翅目螟蛾科，在世界各地均有分布。其幼虫以荚内种粒为食，被啃食后的豆荚味苦，不能食用，严重时种粒会被蛀空。此外，豆荚螟有卷叶的习性，虽然不会啃食叶片，但会影响叶片的功能作用。豆荚螟成虫昼伏夜出，趋光性较弱，所以不能采用黑光等诱杀的方式。

（2）豆荚螟的绿色防治方法。①灌溉灭虫：如果园地灌水方便，可在秋季灌水数次，降低幼虫越冬的存活率。②利用天敌昆虫：在豆荚螟产卵始盛期，人工释放赤眼蜂，可以达到很好的防治效果。③生物防治：在老熟幼虫入土前，可在园地施撒白僵菌粉剂，能有效降低幼虫的化蛹率。

第三节　观赏类园艺植物病虫害防治

一、观赏类园艺植物常见病害防治

观赏类植物是一种统称，不能用科属进行明确的分类，所以针对观赏类园艺植物病害防治的叙述不以科属为分类依据，而是以植物的染病部位作为分类的基本依据。

（一）根部常见病害及其防治

1. 白绢病及其防治

（1）白绢病。白绢病主要发生在植株的根颈部，所以又被称为茎基腐烂病，在亚热带与热带地区分布较为广泛。该病的病原无性世代为齐整小核菌，病菌以菌核或菌丝在土壤中越冬。自然条件下，病菌可在土壤中存活数年，翌年条件适宜时，菌核萌发产生菌丝，并从植物根部的伤口侵入。发病后，根颈表皮出现水渍状的褐色病斑，且伴有白色菌丝。随着病情的发展，根颈部位的表皮逐渐腐烂，并渗出褐色的汁液，而菌丝继续生长，直至将根颈全部覆盖。

（2）白绢病绿色防治方法。①种子处理：有些花卉的种子中会混入菌核，可用10%的盐水浸泡，冲洗催芽后播种。②生物防治：木霉对白绢病的防治具有较好的效果，在栽培观赏植物时，可将培养好的木霉与细土混合均匀[按照每亩（1亩≈666.67 m^2）0.4 kg 木霉与50 kg 土的比例混合]，然后洒在发病植株的根颈部。

2. 根癌病及其防治

（1）根癌病。根癌病在世界各地均有分布，且病菌的寄主很广，多达数百种，其中便包括我们熟知的月季、石竹、菊花、樱花等。该病的病原为致瘤农杆菌，病菌主要通过伤口侵入植物，也可通过气孔侵入。发病后，发病部位出现小瘤状物，随着病情的发展，瘤状物逐渐变大，变硬，颜色由浅变深。瘤状物数目不定，从几个到十几个不等；大小也不定，有些如拳头大小，有些则更大。由于植株的根系受害严重，会影响植株从土壤中吸收水分和营养物质，从而导致植株生长弱势，严重时导致植株死亡。

（2）根癌病绿色防治方法。①采用芽接法：由于劈接法对植株造成的伤口较大，病菌更易侵入植株，所以可以用芽接法代替劈接法，并在嫁接后注意杀菌，降低病菌侵入的概率。②生物防治：K84菌剂在土壤中表现出较强的竞争力，其会优先在植株伤口四周定殖，并且其产生的细菌素对致瘤农杆菌具有抑制作用，所以可以用该菌剂拌种，或者用该菌剂处理苗木的根部，再进行栽植。

（二）叶、花、果常见病害及其防治

观赏植物有观花、观叶、观果之分，虽然有些发生在叶、花、果部位的病害不会引起植物的死亡，但叶、花、果受损都会影响其观赏价值。发生在观赏植物叶、花、果部位的病害很多，在此笔者以白粉病、锈病与炭疽病等几种常见病害为例做简要阐述。

1. 白粉病及其防治

（1）白粉病。白粉病是一种普遍发生在观赏类植物上的一种真菌性病害，在发病部位会形成一层白色粉层，所以称为"白粉病"。白粉病病原及其症状因发病植物的种类不同而异。以普遍发生该病的月季为例，其为蔷薇单囊壳菌侵入所致，发病后，叶片、叶柄和花蕾等部位均会受害。叶片受害后，叶片上出现黄色病斑，后逐渐扩大，且叶片的正面与背面都会出现白色粉层；叶柄受害后，受害部位稍稍膨大，且反向弯曲，病梢出现回枯现象，叶柄上的白粉层很厚，难以剥离；花蕾受害后，表面同样会出现白色粉层，同时花朵少、小、畸形，有些甚至不能开花。

（2）白粉病绿色防治方法。①合理施肥：合理施肥，不偏施氮肥，提升植株自身的抗病能力。②清除病株：白粉病治疗难度较大，所以发现病株后要及时清理病叶、病枝，严重的植株需要整株清除。

2. 锈病及其防治

（1）锈病。锈病也是观赏植物中经常发生的一种病害，是由真菌中的锈菌寄生引起的，可危害观赏植物的叶、枝、花、果，降低植物的观赏性。锈病感染的种类不同，引起的症状也不同。以玫瑰锈病为例，这是一种普遍发生在蔷薇、月季上的病害，在我国各地均有发生。叶片受害时，叶面布满橘黄色粉状物，叶背出现黄色小斑点。随着病情的发展，叶背出现橘黄色粉堆，严重时叶片焦黄，甚至脱落。果实受害时，果实表皮会出现圆形病斑，且出现畸形。

（2）锈病绿色防治方法。①清除病株：发现病株后要及时清理病叶、病枝，严重的植株需要整株清除，以防止病原菌的蔓延传播。②加强管理：注意园地的排水、通风与透光，降低园地湿度，减少发病条件；同时，均衡施肥，提高植株抗性。

3.炭疽病及其防治

（1）炭疽病。炭疽病也是园艺植物中一种常见病害，在我国各地均有分布，主要危害植物的叶片，也危害植物的茎、花、果。叶片受害时，叶片上出现黄褐色的小斑点，后逐渐扩大，颜色变深；如果病斑出现在叶片尖端或者叶片的边缘，病斑多为不规则形状；如果发生在叶片基部，病斑相对较大，且会迅速导致全叶枯死或整株死亡。如果环境湿度较大，叶片上的病斑会产生粉红色的黏孢子团。

（2）炭疽病绿色防治方法。①通风降湿：湿度较高会加重病情，所以要注意通风降湿，减少发病条件。②生石灰水喷洒：将生石灰与水按照1∶60的比例溶解，将其喷洒到患病植株上。因为生石灰水呈碱性，可以同时防治白绢病。

（三）茎干常见病害及其防治

1.茎腐病及其防治

（1）茎腐病。茎腐病会引起植株茎干的腐烂，病菌侵入或机械损伤等都会引起该病害，且由于发病部位是植株的茎干，常常会造成植株的死亡。虽然茎腐病的发病部位为茎干，但不同种类观赏植物的病状也有差异。以仙人掌为例，通常从茎基部开始侵染，开始表现为褐色的水渍状斑块，并出现软腐现象，随着病情的发展，整个茎基部开始腐烂，茎的其他部位也开始出现腐烂，最后全株枯死。

（2）茎腐病绿色防治方法。①无菌土栽培：像仙人掌一类株体较小的观赏植物可用无菌土栽培，同时合理施肥，可有效防治茎腐病。②园艺设施：选排水性好的地块，如能直接灌溉或能使用喷带喷水的缓坡地或平地作为建设地，然后深翻 30 cm 左右，让土壤得到自然风化，减少病原。

2.枯萎病及其防治

（1）枯萎病。枯萎病是由病原生物侵入植物输导组织引起的一种病害，真菌、细菌、病原线虫均可引起该病。以线虫侵入松树为例，受害后，松树针叶萎蔫，且失绿变为红褐色或黄褐色，但针叶不脱落。由于针叶受害，松树的蒸腾作用受到影响，且松树树脂的分泌会减少，甚至停止，最后整株枯死。

（2）枯萎病绿色防治方法。①昆虫防治：很多昆虫是病原生物的媒介，如天牛气管内寄生有松材线虫，当天牛啃食松树时，线虫便会从天牛啃食的伤口侵入树体中，从而引起植株染病。通过防治传病昆虫，可以降低病害的传播。②加强检疫：松材线虫对松树的危害极大，是必须检疫的对象，只有从源头上切断，才能降低发病率。

二、观赏类园艺植物常见虫害防治

（一）钻蛀性常见害虫及其防治

钻蛀性害虫指钻蛀植物枝茎、种子、果实，并藏匿其中的一类昆虫。此类昆虫一旦钻蛀到植物体内，除了必要的活动，如觅偶，一般情况下都藏匿在植物体内，对植物造成的危害极大。钻蛀类昆虫有天牛类、辉蛾类、茎蜂类等害虫，笔者将从上述种类中依次选取其中一种做简要阐述。

1. 星天牛及其防治

（1）星天牛。星天牛属鞘翅目天牛科，在河北、陕西、山西等地均有分布，主要危害紫薇、樱花、海棠等观赏类植物。幼虫和成虫都会危害植物。成虫咬食嫩枝皮层与叶片，造成枯梢和叶片缺刻；而幼虫蛀食主根和树干，蛀食数月后可深达木质部，使植株生长衰退甚至死亡。

（2）星天牛绿色防治方法。①树干涂白：将石灰、硫磺、盐、水按照 10∶1∶0.01∶30 的比例混合，搅拌均匀后涂抹到树干基部，这种方式可有效杀死树干内越冬的成虫与虫卵。涂抹时间选在秋末冬初，早春时节可再涂抹一次，效果更好。②利用天敌：啄木鸟是天牛类害虫的天敌之一，一般 500 亩（1 亩 ≈ 666.67 m²）地的范围内有 2～3 只啄木鸟便可以有效抑制天牛类昆虫的发生，所以可以悬挂吸引木吸引啄木鸟，以起到防治天牛类害虫的作用。

2. 蔗扁蛾及其防治

（1）蔗扁蛾。蔗扁蛾属鳞翅目辉蛾科，在世界范围内均有分布，其寄主植物种类很多，包括我们熟知的一品红、合欢、天竺葵、发财树等观赏性植物。蔗扁蛾幼虫蛀食植株表皮，导致植株输导组织被破坏，症状较轻时不易发觉，但严重时常常只剩下一层薄薄的外皮和木质部，严重影响植株的生长发育，极大降低了植物的观赏价值，甚至导致植株死亡。

（2）蔗扁蛾绿色防治方法。①人工防治：由于蔗扁蛾造成的症状早期不易发觉，所以要加强对植株的检查，若发现植株茎干出现松软感，可轻轻剥开树皮查看，一旦发现虫害，立刻做出相应的处理。②生物防治：可利用昆虫病原小卷蛾线虫防治蔗扁蛾，具体操作视虫害面积而定。如果虫害发生面积较大，可喷洒每毫升含 2 000～3 000 条小卷蛾线虫的溶液；如果虫害面积较小，可直接用注射器将小卷蛾线虫注射到虫害部位。

3. 月季茎蜂及其防治

（1）月季茎蜂。月季茎蜂又叫钻心虫，属膜翅目茎蜂科，主要危害月季、玫瑰、蔷薇等观赏性花卉。该害虫主要以幼虫危害枝茎，其幼虫蛀食茎的髓部，致使植株的输导组织被破坏，水分及营养物质的输送受到影响，造成枝茎折断，花朵凋谢，降低观赏价值，严重时整株萎蔫、死亡。

（2）月季茎蜂绿色防治方法。①选用抗虫品种：如果某地区常发生该类虫害，可栽培抗虫性强的品种，如曼海姆月季。②利用天敌昆虫：金小蜂等寄生蜂是月季茎蜂的天敌之一，可将寄生有金小蜂的月季茎蜂释放到种群中，寄生率可达 50% 以上。

（二）食叶性常见害虫及其防治

常见观赏类园艺植物的食叶性害虫主要是蛾类，有刺蛾类、毒蛾类和灯蛾类，笔者将从上述种类中依次选取其中一种做简要阐述。

1. 黄刺蛾及其防治

（1）黄刺蛾。黄刺蛾属鳞翅目刺蛾科，在我国很多地区都有分布，危害牡丹、月季、梅花、紫薇等观赏植物。初龄幼虫只吃叶肉，4 龄后蚕食整个叶片，不仅影响植株的生长发育，还严重影响植物的观赏性。该害虫在不同地区发生的代数不同，在河北北部、陕西等地一般发生在 1 代，在浙江、安徽一带一般发生在 2 代。成虫表现为昼伏夜出，具有趋光性。

（2）黄刺蛾绿色防治方法。①诱杀法：利用该害虫的趋光性，在成虫羽化期用黑光灯诱杀。②生物防治：黄刺蛾的寄生性天敌很多，如刺蛾广肩小蜂、刺蛾紫姬蜂、健壮刺蛾寄蝇等，应加以保护和利用。此外，纵带球须刺蛾核型多角体病毒能有效杀死黄刺蛾，将带有该病毒的幼虫放入种群中，可使种群的发病率达到 90%，从而达到防治效果。

2. 豆毒蛾及其防治

（1）豆毒蛾。豆毒蛾属鳞翅目毒蛾科，主要危害月季、紫藤、荷花等观赏植物。其幼虫以植株叶片为食，有聚集性，2～3龄后聚集性消失，分散危害，啃食后的叶片出现孔洞，严重影响植物的观赏价值。成虫具有趋光性，且带有毒性，若人类接触该害虫毒毛或毒液会引起皮炎、上呼吸道炎等中毒症状。

（2）豆毒蛾的绿色防治方法。①诱杀法：利用该害虫的趋光性，在成虫羽化期用黑光灯诱杀。②使用生物制剂：在幼虫期，喷洒每克含孢子100亿只以上的青虫菌制剂500～1 000倍溶液。

3. 星白雪灯蛾及其防治

（1）星白雪灯蛾。星白雪灯蛾属鳞翅目灯蛾科，主要危害月季、菊花、茉莉等花木。幼虫以植株叶片为食，啃食后的叶片出现孔洞，严重时甚至将叶片吃光。初龄幼虫也具有聚集性，稍大后发散危害，4龄后幼虫的食量增大，啃食后的叶片大多只剩叶柄和叶脉，严重影响植株的生长及其观赏价值。成虫表现为昼伏夜出，具有趋光性。

（2）星白雪灯蛾绿色防治方法。①诱杀法：利用该害虫的趋光性，在成虫羽化期用黑光灯诱杀。②使用生物药剂：在幼虫期，喷洒苏云金杆菌制剂。③人工防治：幼虫多次蜕皮后至老熟，然后寻找适宜处结茧化蛹，此时可在树干上束干草，引诱害虫到干草上化蛹，然后焚烧。

（三）吸汁性常见害虫及其防治

吸汁类害虫指以植物汁液为食的一类害虫，其种类非常之多，较为常见的有蚜虫类、蚧虫类、螨类和蓟马类等，笔者将从上述种类中依次选取其中一种做简要阐述。

1. 月季长管蚜及其防治

（1）月季长管蚜。月季长管蚜属同翅目蚜总科，主要危害白兰、月季、蔷薇等蔷薇属观赏植物。若虫、成虫都会危害植物，且都具有聚集性。受虫害的植株表现为枝梢生长缓慢、幼叶不伸展，枝叶变黑，花朵变小，严重影响观赏价值。同大多数蚜虫一样，月季长管蚜也具有趋黄性。

（2）月季长管蚜绿色防治方法。①诱杀法：利用蚜虫的趋黄性，设置黄色黏胶板诱杀蚜虫。②利用天敌昆虫：保护和利用月季长管蚜的天敌昆虫，如捕食性的瓢虫类和寄生性的蜂类。

2.日本龟蜡蚧及其防治

（1）日本龟蜡蚧。日本龟蜡蚧属同翅目蚧总科，危害植物种类很多，包括我们所熟知的月季、白兰、芍药、玫瑰等观赏类园艺植物。日本龟蜡蚧繁殖速度很快，其雌成虫与若虫都会危害植株，除吸食植株枝、叶的汁液外，其排泄物还容易引发煤烟病，从而影响植物的生长发育及其观赏价值。

（2）日本龟蜡蚧绿色防治方法。①利用天敌昆虫：保护和利用该害虫的天敌昆虫，如瓢虫、草蛉、寄生蜂等。②人工防治：因为雌成虫在树枝上越冬，所以在冬季出现雾凇或者树木枝条结冰时，通过敲打树枝的方式可使虫体随冰凌震落。

3.绿盲蝽及其防治

（1）绿盲蝽。绿盲蝽属半翅目，主要危害各种花卉植物。若虫、成虫均以幼嫩芽叶的汁液为食，被吸食部位的表皮会出现黑色的斑点，后随着芽叶的生长扩展为不规则的孔洞，叶片卷缩畸形；该害虫还会危害花蕾，被害后的花蕾短时间内干枯或脱落。

（2）绿盲蝽绿色防治方法。①利用天敌昆虫：保护和利用绿盲蝽的天敌昆虫，如草蛉、寄生蜂、捕食性蜘蛛等。②诱杀法：利用绿盲蝽较强的趋光性，用频振式杀虫灯诱杀成虫。③涂抹黏虫胶：绿盲蝽具有遇震动落地的习性，可利用这一点，在枝干上涂抹闭合黏虫胶环，对防治绿盲蝽具有一定的效果。

4.烟蓟马及其防治

（1）烟蓟马。烟蓟马属缨翅目，危害的植物种类很多，包括我们熟知的兰花、菊花、月季、夹竹桃等。若虫和成虫都会危害植物，主要以植株的花为食，有时也危害嫩叶。花瓣受害后会出现白化现象，日照后转为黑褐色，严重时出现萎蔫；嫩叶受害后出现白色斑条，严重时也会萎蔫。

（2）烟蓟马绿色防治方法。①诱杀法：烟蓟马具有趋光性，可设置太阳能杀虫灯诱杀成虫；同时，烟蓟马具有趋蓝性，所以可以在园内设置蓝色粘板诱杀成虫。②利用天敌：烟蓟马的天敌有横纹蓟马、小花蝽、宽翅六斑蓟马和华姬猎蝽，要加以保护和利用。

第八章 园艺植物农药使用及检测技术

笔者在上一章阐述了不同种类园艺植物的常见病虫害及其绿色防治方法，但有时仅仅依靠绿色防治方法不能起达防治的效果，尤其当病虫害暴发时，便需要使用农药进行控制和治理。因此，在本章中，笔者将针对园艺植物农药的使用及农药检测技术展开论述。

第一节　农药与农药使用基础阐述

一、农药简述

（一）农药的概念

对于农药，想必每个人都不陌生，无论是在农业还是在园艺业，农药都发挥着重要的作用。不可否认，农药在发挥作用的同时导致了一些问题，如环境污染。但目前，农药在植物病虫害的防治中仍旧是不可或缺的。那么什么是农药？关于其概念，笔者在此引用《农药管理条例》中对农药的定义：指用于预防、控制危害农业、林业的病、虫、草、鼠和其他有害生物以及有目的地调节植物、昆虫生长的化学合成或者来源于生物、其他天然物质的一种物质或者几种物质的混合物及其制剂。

（二）农药的分类

农药的种类很多，根据不同的作用方式、防治对象以及来源，其分类也有差异。

1.依据作用方式分类

依据作用方式的不同，可将农药分为杀虫剂、除草剂和杀菌剂。其中，杀虫剂分为胃杀剂、触杀剂、熏蒸剂和内吸剂；除草剂分为触杀性除草剂和内吸性除草剂；杀菌剂分为保护剂、治疗剂和铲除剂。

2. 依据防治对象分类

园艺植物病虫害是由不同害虫和病原生物引起的，依据害虫与病原生物的不同，农药可分为杀虫剂、杀螨剂、杀菌剂、除草剂、杀线虫剂、杀鼠剂、杀软体动物剂。

3. 依据农药来源分类

依据农药来源的不同可将其分为矿物源农药、生物农药和有机合成农药。矿物源农药是由矿物原料加工而成；生物源农药有植物源农药和微生物源农药之分；有机合成农药是通过化工工艺生产出来的农药，目前使用的农药多数属于此种类型。

（三）农药的剂型

农药的剂型很多，按照施用方法的不同可分为直接施用型、稀释后施用型和特殊农药剂型。

1. 直接施用剂型

直接施用的农药剂型一般不需要做什么处理，可直接施用，包括粉剂、颗粒剂和超低容量喷雾剂等，但此类药剂的施用一般需要与之相对应的施药器械和施药方法。

2. 稀释后施用剂型

此类农药主要包括乳油、悬浮（乳）剂、水剂、可湿（溶）性粉剂、水乳剂、微乳剂等，其特点是施用前需要用水溶解，然后按照相应的比例进行稀释，最后用喷雾的方法施加到植物表面。

3. 特殊农药剂型

此类农药的种类也很多，目前使用比较普遍的有种衣剂和烟剂。种衣剂是一类含有黏结剂或成膜剂的农药，因为可以有效包裹在种子周围，形成比较稳固的膜，所以称为种衣剂。烟剂是一类包含供热剂的农药，在点燃后，依靠供热剂提供的热量使药剂中的有效成分升华或汽化，当这些气体形态的有效成分遇冷后，便会形成烟或雾，悬浮在空气中，从而起到防治病虫害的作用。

（四）农药的影响

1. 农药对环境的影响

在使用农药之后，作用于病虫害的农药只占所施加农药的一小部分，其中的大部分都进入环境之中，对大气、土壤、水体，以及环境生物等产生污染。例如，由于农药的使用，许多害虫的天敌性昆虫被大量杀死，导致自然环境下食物链本身的平衡被打破，而失去天敌的害虫在产生了抗药性之后，会呈现出暴发的趋势，进而造成害虫的猖獗。人类生活在自然环境中，虽然我们能够利用和改造自然，但生态环境的平衡一旦被打破，其影响是深远的，这些需要引起我们的警惕。

2. 农药对人类健康的影响

在园艺植物栽培中，农药的使用是不可避免的，但农药含有大量的有毒物质，这些物质进入人体会对人体造成严重的损伤，如果长期食用农药残留超标的农副产品，还容易诱发多种慢性疾病。因此，为了最大限度地降低农药对人类健康的伤害，要严格控制产品的农药残留量，并做好对产品农药残留的检测。

3. 农药对园艺植物的影响

农药对园艺植物的影响主要体现在对产品品质以及对植物本身的伤害。对产品品质的影响主要表现在产品品质的降低，从而导致产品经济价值的降低。比如，使用丙溴磷、三唑酮等农药，容易使蔬菜出现异味。对植物本身的伤害主要是由于农药使用不当造成的。虽说农药的使用会对植物产生一定的伤害，但如果合理、科学地使用，可以将伤害降到最小。可在实际操作的过程中，很多人为了快速消除病虫害，有时会加大药量，从而导致在消除病虫害的同时伤害了植物。

二、农药使用基础

(一) 农药浓度的表示方法

1. 商品用表示方法

商品用表示方法一般采用"克（毫升）/公顷"或"克（毫升）/亩"（1亩 ≈ 666.67 m²），此种表示方法非常直观，使用农药的人一眼便能看懂该如何施用。

2. 有效成分用量表示法

这是国际上比较普遍的一种表示方法，即用"有效成分（克）/公顷"表示。

3. 百分浓度表示方法

此种表示方法指百份药液中含有有效成分的份数，一般以"%"来表示。由于农药分为固态和液态，所以又对此表示方法进行了分类：液体之间配药用容量百分浓度，固态之间或固体与液体间配药用质量百分浓度。

4. 倍数表示方法

在前文的论述中，笔者经常用倍数表示生物药剂的用量，即称取或量取一定量的药剂，然后按照同样的量单位计算出要加溶剂的质量或体积，即可配制出需要浓度的溶液。例如，45%的代森铵水剂500倍溶液，就是将1 kg的45%的代森铵水剂加到500 kg的水中溶解。此种方法也同样非常的直观，只需要按照标注的倍数配制即可。

(二) 农药的稀释配制

稀释型农药在目前的农药剂型中占多数，所以如何对稀释型农药进行有效的稀释配制也非常重要。此外，有些粉剂和颗粒剂也需要用特定的方法稀释，而且正确、合理地稀释和配制农药也是保证药效、用药安全的主要前提。不同种类的药剂与不同形态的药剂，其稀释配制方法有差异，且在配制时有一些事项需要注意。

1. 农药稀释配制的常用方法

（1）一次稀释配制。一次稀释配制指将药剂直接溶解到已盛有所需清水的容器中，搅拌均匀即可使用。

（2）二次稀释配制。二次稀释配制指将药剂先溶解到少量清水中，混匀后再将药液按照所需要的比例倒入准备好的清水中，搅拌均匀即可使用。

（3）粉剂稀释。很多粉剂属于直接施用型的农药，不需要稀释使用，但当植株生长茂密时，为了使药剂能够均匀喷洒到植株表面，可加入一定的填充料进行稀释，常用的填充料有草木灰、米糠。

2. 农药稀释配制时的注意事项

（1）稀释配制前要认认真真阅读说明书，确定农药的用量，并严格按照说明书定量操作。

（2）配制时要用专门的量具，以确保配制的农药浓度在安全范围内，切忌为了方便使用瓶盖粗量。

（3）为了保证配制人的安全，开启包装、称量、配制时，都需要佩戴必要的防护用具。

（三）农药的科学使用

农药是一把双刃剑，科学、合理地使用农药，能够最大限度地降低其危害性，使其更好地为人类的生产生活服务。关于农药的科学管理与使用，在《农药管理条例》中已经有了非常明确的规定，但在具体的操作中，有以下几点需要特别注意。

1. 对症下药

农药的种类非常之多，虽然有些农药是广谱性的，但其针对性也有侧重，如果能够对症下药，便可以用最少的药量达到最佳的防治效果。因此，在选择要施加的农药时，一定要对病虫害进行较为全面的调查，了解病虫害的种类及其特点，然后有针对性地选择农药种类。

2. 关键期用药

"防治"一词在园艺植物栽培中经常听到，无论是"防治结合"还是"治不如防"，都只是听到了"防""治"二字，但其实在"防"与"治"之

间还有一个字，那就是"控"，即"控制"。在园艺植物栽培中，如果能够防止病虫害的发生，将会避免很多因病虫害造成的损失，但病虫害的防止非常难，一旦发生病虫害，势必会对园艺植物造成危害，所以在"治"之前，如果能够将病虫害"控制"在一定的阈值内，便可以将损失降到最低。而"控"的关键就是在病虫害发生的关键期用药：用药时间过晚，病虫害发生，起不到控制的作用；用药时间过早，病虫害现象未显现，容易出现判断上的失误，导致用药错误。因此，要加强对病虫害的监控，在发现病虫害的萌芽时便有针对性地用药，从而将病虫害的危害降到最低。

3. 不能随意加大药量

在病虫害防治的实践操作中，很多人由于认知上的错误（认为加大药量可以提高防治效果），会随意加大农药的施加量。其实，施加过量的农药对防治病虫害并不会提高防治的效果，反而会对园艺植物产生伤害，而且过量的农药还容易导致产品农药残留的超标，从而影响产品品质，危害人类身体健康。此外，过量的农药可能促进害虫抗药性的形成，而害虫的天敌昆虫也被农药大量杀死，破坏了生态环境的平衡。

4. 切忌长期使用一种农药

在使用农药的过程中，有些人发现某种农药的效果非常好，于是就长期使用此种农药，当效果下降后，便会加大农药的使用量，直到加大药量也不能起到作用的时候才会更换农药。这种长期使用某一种农药的方式，非常容易使病虫害产生抗体，而病虫害产生抗药性之后，防治的难度无疑也会增加。目前，已知的病虫害种类中，有一些已经具有了较强的抗药性，而且随着病虫害代数的更迭，其抗药性会在人为的筛选下逐渐增强，使植物病虫害的防治难度逐渐增加。因此，在使用农药时，一定要在对症下药的前提下交替使用农药，避免病虫害产生过强的抗药性，延长农药的使用周期。

5. 注意农药的安全间隔期

农药的安全间隔期是指施加两次农药的时间间隔。因为从农药施加到植物上，一直到农药被植物代谢掉，有一个周期，周期的长短因农药种类、植物种类而异。在安全间隔期内，禁止再次施加农药，否则会对植物产生损害，并且会加重农药的残留。因此，在施加农药时，一定要综合考虑施加农药的种类以及植物的种类，做到不在安全间隔期内再次施药。

第二节　农药施药新技术的应用

无论是在园艺植物栽培中，还是在农作物种植中，手动和小型机动力为主的施药方式已经越来越不能满足新形势的要求。而且，随着科学技术的不断发展，新的施药技术在不断涌现，有些已经普遍应用到园艺植物的栽培中。虽然有些技术由于发展不成熟，仍旧处在小范围的试验阶段，但随着技术的不断完善，这些新技术会呈"百花齐放"之势，出现在田间和园地，为我国园艺业与农业的发展添油助力。

一、静电喷雾技术

（一）静电喷雾技术的原理与特点

1. 静电喷雾技术的原理

静电喷雾机是利用电荷在静电场中做定向运动的原理进行设计的。具体设计如下：在喷雾机的喷嘴与施药植物之间建立高压静电场，利用高压静电场为喷嘴充电，当溶解有农药的液体流过喷嘴之后，便会带上电荷，而带上电荷的雾滴在静电场的作用下，会朝着指定的方向前进，从而使雾滴附着到目标部位上（植物需要施药的部位）。静电喷雾技术由于效率高、药液飘逸少、对环境污染较小的优点，已经成为农药施药技术研究中的一个热点，并且其在园艺植物栽培中的应用越来越广泛。当然，该技术目前仍存在一些技术上的瓶颈，这些瓶颈将成为未来研究的重要方向。

2. 静电喷雾技术的特点

（1）雾滴小且均匀。静电喷雾技术形成的雾滴不但体积小，而且均匀性强。以普通喷雾机械为例，喷出的雾滴直径大约为 200 μm，即便是超低容量喷雾设备，其喷出的雾滴直径也在 50～80 μm 之间，而静电喷雾形成的雾滴直径大约在 5～50 μm 之间。当雾滴越小，雾滴越均匀时，施加在植物表面的药液就更加均匀，对病虫害的防治效果自然也就更好。

（2）电荷相同。在静电场中，雾滴会带上相同的电荷，并在静电场的作用下朝着指定的方向前进。由于雾滴之间带有的电荷相同，所以受力的方向也是相同的,这样就会使雾滴朝着同一个方向移动,并且由于雾滴带有相同的电荷,会产生排斥作用,不会吸附到一起。

(3)包抄效应。荷电雾滴的感应作用使靶向物体的外部产生异性电荷,在电场力和相关力的作用下,雾滴吸附到喷雾目标上,并产生包抄效应,即荷电雾滴受作物表面感应电荷吸引包围靶向物体,而沉积到喷雾目标正面和背面,提高吸附效果。

(4)效期较长。带电荷的雾滴对植物的吸附能力较强,能够牢牢吸附在植物的各个部位上,即便在露天环境下,也能经受一定程度的风吹和雨淋,所以其效期更长,对病虫害的治疗效果也更好。

(二)静电喷雾技术的影响因素

1. 电压

静电喷雾机利用的是电压产生的静电场,然后通过静电场的作用完成施药过程。电压的大小会影响雾滴带电情况,也会影响静电场中力的大小,所以电压无疑是影响静电喷雾技术的一个因素。通过查阅资料可知,充电电压和极性对水溶液雾滴体积中径和雾滴谱宽没有明显影响,但油剂溶液喷雾时,静电喷雾电压和极性对雾滴体积中径和雾滴谱宽有明显的影响[1]。

2. 环境

理论上来看,带电雾滴是在静电场中做运动,受环境的影响较小,但在实际应用中发现,环境也是一个重要的影响因素。通过查阅资料可知,荷电雾滴主要受气流曳力和静电力作用,因此气流速度、感应电压及其交互作用对雾滴沉积有显著影响[2]。

3. 靶标

靶标即施药的目标,包括其性质、叶面积指数、冠层大小等。通过查阅资料可知,Y形果树与纺锤形果树相比,Y形果树更有利于荷电雾滴沉积,而且在靶近喷雾机一侧,叶片反面雾滴覆盖密度提高20%,远离喷雾机一侧

---

[1] 王士林,何雄奎,宋坚利,等.双极性接触式航空机载静电喷雾系统荷电与喷雾效果试验[J].农业工程学报,2018,34(7):82-89.

[2] 周良富,张玲,丁为民,等.风送静电喷雾覆盖率响应面模型与影响因素分析[J].农业工程学报,2015,31(S2):52-59.

仅提高 7.2%[①]。

（三）静电喷雾技术的应用器械

依据静电喷雾技术研究出的器械有手持式静电超低量喷雾机、背负式静电喷雾机、大田静电喷杆喷雾机、果园静电喷雾机等。在此，笔者以园艺植物栽培中常用的果园静电喷雾机为例，对其进行简要的介绍。

在果园静电喷雾机的研制与应用方面，国外的一些公司已经形成了系列化的产品，根据不同的应用场景，研制出了一系列的果园静电喷雾机，如15SR 和 15RB 这两款典型的果园静电喷雾机，主要通过罗茨风机产生高压气流使荷电雾滴快速输运到冠层靶标。国内针对果园静电喷雾机的研制虽然较晚，与国外相比存在一定的差距，但取得了初步的成效。比如，农业部南京农业机械化研究所研制出了 3WQ-400 牵引型双气流辅助静电果园喷雾机，并在不同果园中进行了喷雾试验，然后在试验的基础上进行了改进，研制出了遥控式果园静电喷雾机。该喷雾机运用了双气流辅助喷雾技术，有效解决了特定环境下雾滴的输送问题。当然，该喷雾机也存在不足之处，即对于较高大的植株，由于植株的上部距离喷头较远，雾滴荷电效果较差，导致施药的效果不是十分理想。

二、无人机航空植保技术

无人机航空植保技术是一种现代化的施药技术，适合小面积作业以及复杂地形作业，具有效率高、不损伤作物、立体性强等优点。[②] 目前，我国无人机航空植保技术的应用还不普遍，且在应用中仍旧存在一些问题。所以在本节针对该技术的探讨中，笔者将结合国外无人机航空植保技术的应用做简要阐述，然后分析我国无人机航空植保技术应用的现状，最后就其发展方向做出简要分析。

（一）国外无人机航空植保技术应用

相对来说，国外一些发达国家在无人机航空植保技术的研究与应用上较为成熟。以美国为例，美国作为世界上农业航空技术最先进的国家，其研

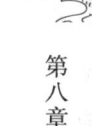

---

① 周良富，张玲，丁为民，等.风送静电喷雾覆盖率响应面模型与影响因素分析[J].农业工程学报，2015，31（S2）：52-59.

② 张国庆.农业航空技术研究述评与新型农业航空技术研究[J].江西林业科技，2011（1）：25-31.

制出的农业用飞机多达20余种,有可人工驾驶的机型,也有无人机型。此外,美国农业航空协会在农业发展中也起到了重要的作用,该协会促进了美国农业、航空、环保等各个部门的合作,使新技术可以应用到农业航空中。如GPS导航技术、变量施药技术等都在无人机航空植保技术中实现了广泛的应用,使无人机航空植保技术更加的精准和高效。

(二)我国无人机航空植保技术应用

相对发达国家而言,我国的无人机航空植保技术还处在初级阶段,但随着有关科研单位研究的不断深入,也取得了一定的成果。比如,农业部南京农业机械化研究所研制了一种无人驾驶自动导航低空施药技术设备,该设备装有GPS自动导航系统,施药效率很高,且农药的利用率也有所提高。又如,江苏省农业机械管理局农机具开发应用中心、江苏大学、无锡汉和公司等单位研制了一种小型无人飞机,该无人机飞行高度达2 km,可载药水10 kg,喷洒能力为1.3~2.7亩/min之间(1亩≈666.67 m^2)。虽然我国的一些科研单位针对无人机航空植保技术进行了积极的探索,并且在一些地区已经有所应用,但综合来看,仍旧存在以下问题。①无人机施药理论的研究相对较少,如无人机航空施药参数对施药效果的影响。理论指导实践,理论的匮乏自然容易导致实践存在问题。②无人机的稳定性与续航性相对较差,而无人机作为施药的载体,无人机技术的限制也会影响无人机航空植保技术。③无人机的施药设施,如雾化系统、喷药系统等也有待进一步地优化。

基于上述问题,无人机航空植保技术需要从以下几方面做出努力。①加强无人机技术的研究。无人机作为无人机航空植保技术的药物载体,其重要性不言自明,所以先要加强对无人机技术的研究。②加强专用部件的研究。除针对无人机技术做出研究之外,还需要针对专用部件做出研究,如针对喷雾系统的研究。③加强无人机施药理论的研究。理论是实践的"指南针",只有加强理论研究,才能在"理论—实践—理论—再实践"中不断完善相关技术,并指导其实践应用。

第三节　农药残留检测与控制

一、农药残留检测

（一）农药残留的概念与产生原因

1. 农药残留的概念

在施加农药之后，一部分农药作用于病虫害，一部分农药进入大气、土壤、水体中，还有一部分残留在植物体表或进入植物体内。植物本身具有代谢作用，这些残留在植物表面或者进入植物体内的农药一部分被代谢掉，还有一部分残存于果实、蔬菜、谷物中，这些残存在农产品中的农药被称为农药残留。

2. 农药残留产生的原因

目前，研制出的农药都具有一定的科学依据，如果科学合理地使用农药，能够将农药残留控制在一定的阈值内，即便有些农药残留量较高，通过后续的一些处理手段，也能够将农药的残留量降低到一个安全的数值范围。但在实际使用农药的过程中，很多人长期使用某一种农药，或者在使用过程中随意加大农药的用量，这是导致农药残留超标的两个主要原因。

（二）农药残留检测的常用方法

农药残留检测的方法很多，目前常用的有酶抑制法、酶联免疫法、生物传感器法等几种方法。

1. 酶抑制法

酶抑制法是一种速度快、操作简单的检测方法。该方法利用的是乙酰胆碱酶能够与检测样品中残留的农药发生化学反应，从而确定产品中农药的残留量。此法经常用在果蔬产品农药残留量的检测，能够在 30 min 内完成检测且得到果蔬产品上农药的残留量。当然，该法也存在缺点，即检测农药的类型有限，只用于有机磷和氨基甲酸酯类农药残留的检测。

2.酶联免疫法

在果蔬农药检测中运用该技术，能确保酶标限定量的合理选择，充分发挥底物的参与功能，充分发挥酶催化底物的重要作用，促进氧化和水解的还原。运用酶联免疫法对果蔬的农药残留进行检测，能辨别农药残留的含量，了解果蔬上是否存在未知抗原。目前，我国已经研制出多种用于农药残留检测的酶联免疫检测试剂盒，提高了检测的灵敏度，降低了检测的成本，且安全性很高。但此法具有局限性，即一种试剂只能检测一种农药，如果产品使用过多种农药，需要同时运用多种试剂进行检测。

3.生物传感器法

生物传感器随着生物技术的发展应运而生。相对传统的检测方法而言，该方法灵敏度高，速度快，抗干扰能力强，目前已经广泛应用到果蔬产品农药残留的检测中。不过，此种检测方法对操作人员有一定的要求，需要操作人员掌握一些相关的知识，如pH、电导、生物活性物质中的可逆反应等。随着生物技术的不断发展，生物传感器的精准度和稳定性也在不断提升，其在农药残留检测中的应用也将会越来越广泛。

二、农药残留控制

果蔬中的农药残留会危害人的身体健康，但施加农药后，果蔬中存在农药残留是不可避免的，只要将其控制在一定的阈值内，可将其对人身体的危害降到最低。因此，需要确定农药的残留限量，并采取一定的措施，将农药残留控制在残留限量内。

（一）农药残留的限量

农药残留的限量一般指最大残留量，即允许在食品中残留的农药的最大浓度。农药残留限量是保证食品安全的基础，尤其在大众普遍关注食品安全问题的今天，农药残留限量的意义更是凸显。国家卫生健康委员会、农业农村部和国家市场监督管理总局公告2019年第5号发布了《食品安全国家标准 食品中农药最大残留限量》（GB 2763—2019，代替GB 2763—2016和GB 2763.1—2018），规定了483种农药在356种（类）食品中7 107项残留限量，与2016版相比新增农药品种50个、残留限量2 967项。新版《食品安全国家标准 食品中农药最大残留限量》的发布，明确规定了食品上农药残留量的标准，这是给广大园艺植物栽培者划定的一条线，每一个从事园艺栽培的人都应该守住这条线，将农药残留控制在这条线内。

（二）农药残留控制的措施

1. 加强农药管理

在园艺植物栽培中，农药虽然发挥了重要的作用，但农药的危害也逐渐凸显。目前，包括中国在内的很多国家都针对农药的使用制定了相应的法律法规，以确保农药的安全使用。例如，我国在1997年5月8日发布并实施《农药管理条例》，该条例自颁布之日起，经过了两次修订。因为农药的种类在不断更迭，农药施药技术也在不断地发展，所以修订是必要的。最新版的《农药管理条例》分别从农药登记、农药生产、农药经营、农药使用、监督管理、法律责任等方面做了明确的规定，是指导农药管理与使用的"白皮书"。当然，加强农药的管理不能仅仅依靠《农药管理条例》，还需要在"条例"的指导下进一步落实。比如，健全农药管理机构，增加农药管理机构的执法性与监督性；建立健全的农药分析监控系统，时刻对各地的农药使用情况进行分析和监控；加强对从事园艺植物栽培以及农业生产人员的培训，将新技术、新方法以及新农药推广下去。

2. 不断完善农药残留限量标准

农药残留限量是保证食品安全的一条线，包括我国在内的很多国家都制定了相应的标准。但随着生物、化学技术的不断发展，农药的种类越来越多，农药的结构也在不断变化，为了囊括更多类型的农药，囊括更多残留限量的项目，农药残留限量标准需要不断更新和完善。在这一点上，我国政府非常重视，相关标准的更新速度非常之快，目前我国使用的是《食品安全国家标准 食品中农药最大残留限量》（GB 2763—2019，代替GB 2763—2016和GB 2763.1—2018），同时覆盖了中国批准使用的农药品种，解决了历史遗留的"有农药登记，无限量标准"问题，并以评估数据为依据，科学严谨设定残留限量。

3. 禁用高毒农药，研制低毒、高效的新型农药

早在20世纪70年代，我国便开始禁止使用一些高毒农药，并且随着对农药认识的不断加深，禁止使用农药的种类在不断增加，关于禁用的种类，在2019年版的《食品安全国家标准 食品中农药最大残留限量》中已明确指出。在禁用高毒农药的同时，应该研制低毒、高效的新型农药。目前，生物农药由于其安全、高效的特点备受人们的青睐。虽然生物农药的使用还不广泛，而且在技术上有待突破，但研制生物农药无疑会成为一个重要的发展方向。

参 考 文 献

[1] 张兆合，傅传臣，张凤祥. 园艺植物栽培学 [M]. 北京：中国农业科学技术出版社，2011.

[2] 刘国杰. 园艺植物栽培学总论 [M]. 北京：中央广播电视大学出版社，2011.

[3] 张亚文，程立宝. 园艺植物栽培 [M]. 延吉：延边大学出版社，2018.

[4] 贾俊英. 设施园艺作物栽培新技术 [M]. 赤峰：内蒙古科学技术出版社，2016.

[5] 周建国. 园林植物栽培养护 [M]. 苏州：苏州大学出版社，2019.

[6] 朱士农，张爱慧. 园艺作物栽培总论 [M]. 上海：上海交通大学出版社，2013.

[7] 申海香，银春花，马尚盛. 园艺植物病虫害防治 [M]. 西安：西北工业大学出版社，2015.

[8] 邱晓红，白鸥. 园艺植物病虫害防治 [M]. 北京：中国农业出版社，2019.

[9] 孙亚楠，刘冠楠. 园艺植物栽培中土肥水管理模式浅析 [J]. 南方农业，2019，13（27）：54-55.

[10] 高雯雯，王玲萍，陈峰. 园艺植物栽培中的土肥水管理 [J]. 现代农村科技，2019（8）：41.

[11] 豆静，封明军，雷富臣，等. 气雾培在植物栽培中的应用研究进展 [J]. 现代农业科技，2021（5）：13-17.

[12] 徐小迪. 浅析园艺植物栽培中的土肥水管理 [J]. 南方农机，2019，50（11）：71.

[13] 李蒙. 园艺植物栽培的土肥水管理探讨 [J]. 南方农机，2018，49（16）：173.

[14] 艾炎军，邹叶茂，汤文浩. 两种园艺植物屋顶气雾栽培的比较 [J]. 中国果菜，2016，36（6）：32-35.

[15] 曹伍林，宋琦，孟祥才. 外源水杨酸在园艺植物栽培中的应用前景 [J]. 北方园艺，2014（16）：191-193.

[16] 王彬，臧壮望. 农业果蔬滴灌栽培技术及病虫害防治：评《地下滴灌农田水

分高效管理》[J]. 灌溉排水学报, 2021, 40 (1): 153.

[17] 刘新红. 冀东地区果蔬作物近地表小拱棚覆盖栽培技术[J]. 现代农业科技, 2020 (18): 74-75+83.

[18] 张建, 孙淑葵. 果蔬型甜玉米新品种江甜018选育及高产栽培技术[J]. 农业科技通信, 2019 (5): 288-290.

[19] 胡军荣. 徐州地区几种常见优良地被植物的栽培与应用[J]. 现代园艺, 2021, 44 (3): 88-89.

[20] 郭大路, 侯绪杰, 刘凤, 等. 柿子采摘机器人果实定位与关键技术研究[J]. 南国博览, 2019 (1): 277.

[21] 齐红伟, 周俊国, 姜立娜. 生菜植物工厂栽培技术[J]. 长江蔬菜, 2021 (1): 33-34.

[22] 李宗伦, 赵一臣. 温室花卉栽培管理技术研究[J]. 花卉, 2020 (6): 8-9.

[23] 邢梅, 高静, 王强. 果树栽培技术对提高果实品质的影响[J]. 农家参谋, 2018 (4): 142.

[24] 王志贤. 南疆地区果蔬型玉米栽培技术模式[J]. 新疆农垦科技, 2017, 40 (8): 13-15.

[25] 魏山清, 陈素伟, 程东升, 等. 绿化观赏植物栾树栽培养护技术[J]. 现代农村科技, 2014 (18): 50.

[26] 贾江平. 浅谈木本植物的栽培与养护[J]. 内蒙古林业调查设计, 2014, 37 (6): 63-64.

[27] 谢学强. 干旱河谷野生药用观赏植物商陆及其栽培应用[J]. 特种经济动植物, 2014, 17 (8): 26-27.

[28] 康志刚. 乌兰察布市节水耐旱园林观赏植物栽培管理[J]. 内蒙古林业, 2014 (4): 28.

[29] 马星萍, 田晓琴. 厚叶岩白菜引种栽培及繁殖应用[J]. 中国园艺文摘, 2014, 30 (3): 139+143.

[30] 兰慧至. 园艺植物栽培中的土肥水管理模式研究[J]. 新农业, 2020 (24): 52.

[31] 赵振未. 园艺植物的根系限制及其应用[J]. 种子科技, 2020, 38 (19): 49-50.

[32] 吴景艳. 园艺植物栽培中的土肥水管理模式分析[J]. 农家参谋, 2020 (11): 103.

[33] 刘政.园艺植物栽培中的土肥水管理[J].广东蚕业，2020，54（4）：21-22.

[34] 张国强，咸丽霞.浅析园艺植物栽培中的土肥水管理[J].农业开发与装备，2020（2）：183-184.

[35] 张春花，刀丽平，沈杰，等.野生观赏植物金丝梅的迁地栽培适应性研究[J].安徽农业科学，2014，42（2）：375-377.

[36] 黄义钧，陈华玲，管帮富，等.江西水生植物引种与栽培试验小结[J].现代园艺，2013（19）：9-11.

[37] 谢学强.甘孜州野生药用观赏植物曼陀罗及栽培应用[J].中国园艺文摘，2013，29（7）：75+92.

[38] 牛来春，万珠珠，樊佳奇，等.野生观赏植物乌饭树的引种栽培试验[J].北方园艺，2013（13）：73-75.

[39] 古丽皮热斯·努尔.无公害果蔬栽培技术研究[J].农民致富之友，2017（4）：152.

[40] 田丽娟.我国北方果蔬栽培的技术特点分析[J].现代园艺，2017（2）：29.

[41] 马冲，左金鹰，祝海燕.固气液结合的盆栽植物栽培模式[J].现代农业科技，2020（24）：99-100.

[42] 管军江，史书军.滨海平原加工型果蔬高产高效模式栽培技术[J].现代农业科技，2016（7）：89+94.

[43] 李玉宏.北方水稻育苗棚果蔬栽培技术[J].现代农业科技，2016（2）：128+138.

[44] 张漫姝，张晓峰.永吉县果蔬栽培技术探讨[J].农业开发与装备，2015（12）：146.

[45] 艾米热古丽·艾比布拉.新疆果蔬优化栽培中膜下滴灌技术的应用[J].现代园艺，2015（20）：33.

[46] 曾鲸津.内江丘陵地区果蔬套种栽培技术[J].四川农业科技，2015（10）：25-26.

[47] 刘杰.关于无公害果蔬栽培技术的思考[J].农技服务，2015，32（7）：45.

[48] 王恒益.南方高山地区果蔬两用雪莲果栽培技术[J].农村百事通，2015（9）：36-37.

[49] 廖华俊，江芹，朱本玉，等.砀山县果蔬立体高效栽培模式设计与配套技术[J].现代农业科技，2015（4）：104-106.

[50] 邹春香.园林花卉苗木繁殖培育及栽培管理技术解析[J].现代园艺,2020(8):52-53.

[51] 朱立波,赵小波.果蔬型玉米"白马王子"设施早春栽培技术要点[J].南方农业,2014,8(30):4-5.

[52] 侯文韬.园林景观中露地花卉的栽培管理技术研究[J].花卉,2020(10):99-100.

[53] 程奕菲.多肉植物繁殖栽培技术分析[J].农业技术与装备,2020(10):150-151+153.

[54] 郑萍,徐厚刚,凌飞东,等.竹芋类观赏植物新品种介绍及栽培管理技术[J].广东蚕业,2020,54(2):19-20.

[55] 张超,刘曦.绿化观赏植物栾树栽培养护技术[J].绿色科技,2019(21):123-124.

[56] 李建忠.观赏植物的无土栽培技术探索[J].农业工程技术,2019,39(8):37-38.

[57] 彭克忠,伍杰,刘燕云,等.甘孜州特色观赏植物黄花木的栽培管理及应用[J].现代农业科技,2019(2):98-99.

[58] 谢甜.浅谈报春花类观赏植物的栽培管理[J].现代农业研究,2018(4):125-126.

[59] 陈永快,王涛,兰婕,等.植物工厂内LED光调控在作物栽培中的研究进展[J].江苏农业科学,2020,48(23):40-46.

[60] 李晓花,卢洁,梁同军,等.庐山野生木本观赏植物资源及园林应用[J].山西农业大学学报(自然科学版),2017,37(8):580-588.

[61] 宋利娜,弓传伟,孙丽萍,等.北京地区锦葵科草本观赏植物引种栽培试验[J].北京农学院学报,2017,32(3):89-93.

[62] 张雪平.室内常见观赏植物的栽培养护管理[J].东南园艺,2017,5(2):42-45.

[63] 毛丹.露地观赏植物栽培管理的基本技术[J].黑龙江科技信息,2017(10):278.

[64] 贾江平.初探观赏植物的无土栽培[J].内蒙古林业调查设计,2017,40(1):32+96.

[65] 余丽敏,严朝坚,杨坤豪,等.红树植物秋茄的实验室栽培[J].林业科技,

2021，46（01）：23-24+48.

[66] 杨丽.塞罕坝亚高山野生观赏植物引种与栽培试验初报[J].中国农学通报，2017，33（1）：78-81.

[67] 张慧，李国兴.山东地区引种栽培野生观赏植物的生态适应性研究[J].农技服务，2016，33（11）：154.

[68] 吴文重，张明领，徐衬英，等.盆栽观赏植物的栽培与养护[J].河南林业科技，2016，36（1）：50-52.

[69] 李国兴，张慧，陈学君.山东地区野生观赏植物引种栽培实验[J].农业与技术，2015，35（20）：112-113.

[70] 池文泽，周斌，郭建萍，等.观赏植物水枸子引种栽培及繁殖技术探讨[J].防护林科技，2015（10）：111-112.

[71] 杨丽芬.论观赏植物常见主要病虫害及控制策略[J].北京农业，2015（3）：39.

[72] 余永富，杨亚琴，潘成坤，等.药用及观赏植物石松人工栽培试验[J].安徽农业科学，2014，42（33）：11623-11625+11737.

[73] 张芳.冬季园艺花卉防寒养护及病虫害防治[J].农业技术与装备，2020（08）：108-109.

[74] 朱胜男.浅析苗木花卉的冬季抚育管理[J].种子科技，2020，38（16）：72-73.

[75] 李喜原.园艺植物虫害生物防治技术[J].现代园艺，2020，43（16）：48-49.

[76] 孔芳芳.园艺植物病虫害防治方法研究[J].乡村科技，2020（19）：96-97.

[77] 谢渊.园艺植物害虫生物防治研究进展[J].南方农机，2018，49（24）：153.

[78] 李彬彬.新时期园艺植物病虫害防治技术初探[J].花卉，2018（24）：302-303.

[79] 刘淑丽.陵川县村庄绿化常见园艺植物病虫害防治技术探讨[J].花卉，2018（22）：282-283.

[80] 史金宝，张婷.园艺植物害虫生物防治措施[J].南方农机，2018，49（16）：176.

[81] 辛海云.园艺植物虫害生物防治技术[J].江西农业，2018（10）：91-92.

[82] 王萍萍.园艺植物害虫的生物防治研究[J].农业与技术，2017，37（14）：202.

[83] 张晓青，程嘉宁. 关于园艺植物害虫生物防治措施探讨[J]. 农业与技术，2016，36（8）：189.

[84] 乐建刚，徐强. 园艺植物病害的生物防治[J]. 黑龙江科技信息，2015（30）：259.

[85] 权俊娇，马行，刘莹莹，等. 园艺植物害虫生物防治研究进展[J]. 天津农业科学，2014，20（1）：102-108.

[86] 李文芳. 基于生态模式下的林业栽培技术与病虫害防治[J]. 现代园艺，2020（8）：61-62.

[87] 伍华忠，赵云. 生物农药防治果蔬病虫害现状[J]. 农业工程技术，2018，38（14）：78.

[88] 李利锋. 冬季园艺花卉防寒养护及病虫害防治方法[J]. 种子科技，2020，38（15）：79-80.

[89] 孟晓美，张丽芬，陈复生，等. 生物防治机理及其在采后果蔬病害应用中的研究进展[J]. 食品工业，2017，38（10）：223-227.

[90] 冯茵茵. 浅谈绿色防控技术在无公害果蔬种植中的应用[J]. 南方农业，2017，11（26）：11-12+14.

[91] 郑宇. 花卉病虫害的发生特点与可持续控制[J]. 江西农业，2020（4）：73-74.

[92] 田丽娟. 我国北方果蔬栽培的技术特点分析[J]. 现代园艺，2017（2）：29.

[93] 武延利，崔新仪，黄思达，等. 丁香中活性物质在果蔬生产及采后病虫害防治方面的应用[J]. 天津农业科学，2016，22（6）：60-62+68.

[94] 万颜. 墨西哥：加强果蔬产品植物检疫[J]. 中国果业信息，2014，31（7）：48.

[95] 王静，郑永华. 拮抗菌在果蔬采后病害生物防治中的应用[J]. 生物技术进展，2013，3（6）：393-398.

[96] 华娟，李淋玲，程华，等. 拮抗菌生物防治果蔬病害的研究进展[J]. 江西农业学报，2013，25（10）：71-74.

[97] 王瑞庆，冯建华，徐新明，等. 果蔬电学特性在果蔬处理及品质检测中的应用[J]. 食品科学，2012，33（21）：340-344.

[98] 韦莹莹，毛淑波，屠康. 果蔬采后病害生物防治的研究进展[J]. 南京农业大学学报，2012，35（5）：183-189.

[99] 宋金宇，刘程惠，胡文忠，等. 拮抗酵母菌对果蔬病害防治的研究进展[J].

保鲜与加工，2012，12（5）：53-56.

[100] 于帅，刘天明，魏洇.拮抗酵母菌对果蔬采后病害生物防治的研究进展[J].食品工业科技，2010，31（9）：402-405.

[101] 丘熙祥.不同果蔬病虫害的发生与防治[J].中国园艺文摘，2009，25（8）：166.

[102] 邱国辉.现代园林花卉的养护管理技术要点分析[J].现代园艺，2020（2）：43-44.

[103] 李玉珩，郑添伟.万寿菊主要病害的防治方法[J].现代农业，2019（12）：25.

[104] 蒋明蓉.城市园林花卉常见病虫害防治与环境保护措施分析[J].新农业，2019（22）：35.

[105] 张丽华.基于园林花卉养护及管理的方法分析[J].现代园艺，2019（22）：31-32.

[106] 巨英庆.浅谈温室花卉栽培中的病虫害防治[J].花卉，2019（22）：248-249.

[107] 黄静兰，黄愉光，黄卓莹，等.常见温室花卉栽培管理技术[J].乡村科技，2019（25）：77-78.

[108] 刘书建.大棚花卉种植存在的问题与对策[J].新农业，2019（17）：41-42.

[109] 肖楚莹.观赏植物病虫害防治研究[J].乡村科技，2019（18）：82-83.

[110] 周龙发.刍议室内观赏植物管理养护技术[J].现代园艺，2014（1）：43-44.

[111] 杨艳红.温室观赏植物常见病虫害防治[J].花木盆景（花卉园艺），2009（1）：31.

[112] 鲍瑞峰，秦丹.果蔬采后病害生物防治的研究进展[J].保鲜与加工，2009，9（3）：1-5.

[113] 张忠，涂勇，姚昕，等.生物防治在果蔬采后病害上的应用[J].农产品加工（学刊），2007（5）：91-93+96.

[114] 邱逸斯，于莉.采后果蔬病害生物防治研究进展[J].中国农学通报，2006（9）：351-355.

[115] 段丽霞.绿色果蔬的病虫害及其综合防治[J].安徽农业科学，2006（20）：5283-5284.

[116] 杨华，纪明山，刘军.拮抗细菌对果蔬真菌病害的抑制作用[J].北方果树，2006（3）：3-5.

[117] 陈景辉.关于漳州果蔬产品出口检疫的几点建议[J].福建热作科技，2003（1）：

26-27.

[118] 庞学群，张昭其，黄雪梅.果蔬采后病害的生物防治（综述）[J].热带亚热带植物学报，2002（2）：186-192.

[119] 凌凡.果蔬贮藏病害要采前采后综合防治[J].中国农村科技，2001（7）：40-41.

[120] 陈兰珍，刘生瑞.陇东黄花菜蓟马的发生及综合防治[J].现代农业科技，2021（2）：93-94.

[121] 杨伟民.论花卉病虫害的综合防治[J].现代园艺，2020，43（17）：113-114.

[122] 黄盼斌.科学使用农药与农产品质量安全的思考[J].种子科技，2021，39（4）：87-88.

[123] 翟保磊，宋利平，翟大丽.农药的合理选购和正确使用[J].河南农业，2021（4）：26-27.

[124] 杨军.化学农药在植物保护应用中的注意事项[J].乡村科技，2021，12（3）：79-80.

[125] 渠云博.农作物病虫害防治中农药使用污染问题及治理对策[J].现代园艺，2020，43（20）：39-41.

[126] 高莹，孙喜军.西安市化肥和农药使用零增长行动实施情况评估[J].陕西农业科学，2020，66（10）：90-94+98.

[127] 郑晶利，雷佩玉，贾茹，等.2016—2018年陕西省农村居民农药使用及防护习惯[J].卫生研究，2020，49（6）：1027-1029+1033.

[128] 赵来成，张建华，朱建飞，等.农药使用对食品安全的影响及防范措施[J].农业与技术，2020，40（24）：56-58.

[129] 印婉楸，王健，戴相君，等.农药管理中存在的问题及对策[J].南方农机，2020，51（24）：72+77.

[130] 刘永林.用于果蔬病虫害防治的壳聚糖衍生物的制备与应用[D].广州：华南农业大学，2017.

[131] 鲍冠男.嶂石岩自然保护区野生观赏植物资源调查及评价[D].秦皇岛：河北科技师范学院，2014.

[132] 宋珉毅.库尔勒地区六种野生植物引种试验研究[D].乌鲁木齐：新疆农业大学，2014.

附录 《农药管理条例》

(1997年5月8日中华人民共和国国务院令第216号发布 根据2001年11月29日《国务院关于修改〈农药管理条例〉的决定》修订 2017年2月8日国务院第164次常务会议修订通过)

第一章 总 则

第一条 为了加强农药管理,保证农药质量,保障农产品质量安全和人畜安全,保护农业、林业生产和生态环境,制定本条例。

第二条 本条例所称农药,是指用于预防、控制危害农业、林业的病、虫、草、鼠和其他有害生物以及有目的地调节植物、昆虫生长的化学合成或者来源于生物、其他天然物质的一种物质或者几种物质的混合物及其制剂。

前款规定的农药包括用于不同目的、场所的下列各类:

(一)预防、控制危害农业、林业的病、虫(包括昆虫、蜱、螨)、草、鼠、软体动物和其他有害生物;

(二)预防、控制仓储以及加工场所的病、虫、鼠和其他有害生物;

(三)调节植物、昆虫生长;

(四)农业、林业产品防腐或者保鲜;

(五)预防、控制蚊、蝇、蜚蠊、鼠和其他有害生物;

(六)预防、控制危害河流堤坝、铁路、码头、机场、建筑物和其他场所的有害生物。

第三条 国务院农业主管部门负责全国的农药监督管理工作。

县级以上地方人民政府农业主管部门负责本行政区域的农药监督管理工作。

县级以上人民政府其他有关部门在各自职责范围内负责有关的农药监督管理工作。

第四条 县级以上地方人民政府应当加强对农药监督管理工作的组织领导,将农药监督管理经费列入本级政府预算,保障农药监督管理工作的开展。

第五条　农药生产企业、农药经营者应当对其生产、经营的农药的安全性、有效性负责，自觉接受政府监管和社会监督。

农药生产企业、农药经营者应当加强行业自律，规范生产、经营行为。

第六条　国家鼓励和支持研制、生产、使用安全、高效、经济的农药，推进农药专业化使用，促进农药产业升级。

对在农药研制、推广和监督管理等工作中作出突出贡献的单位和个人，按照国家有关规定予以表彰或者奖励。

第二章　农药登记

第七条　国家实行农药登记制度。农药生产企业、向中国出口农药的企业应当依照本条例的规定申请农药登记，新农药研制者可以依照本条例的规定申请农药登记。

国务院农业主管部门所属的负责农药检定工作的机构负责农药登记具体工作。省、自治区、直辖市人民政府农业主管部门所属的负责农药检定工作的机构协助做好本行政区域的农药登记具体工作。

第八条　国务院农业主管部门组织成立农药登记评审委员会，负责农药登记评审。

农药登记评审委员会由下列人员组成：

（一）国务院农业、林业、卫生、环境保护、粮食、工业行业管理、安全生产监督管理等有关部门和供销合作总社等单位推荐的农药产品化学、药效、毒理、残留、环境、质量标准和检测等方面的专家；

（二）国家食品安全风险评估专家委员会的有关专家；

（三）国务院农业、林业、卫生、环境保护、粮食、工业行业管理、安全生产监督管理等有关部门和供销合作总社等单位的代表。

农药登记评审规则由国务院农业主管部门制定。

第九条　申请农药登记的，应当进行登记试验。

农药的登记试验应当报所在地省、自治区、直辖市人民政府农业主管部门备案。

新农药的登记试验应当向国务院农业主管部门提出申请。国务院农业主管部门应当自受理申请之日起40个工作日内对试验的安全风险及其防范措施进行审查，符合条件的，准予登记试验；不符合条件的，书面通知申请人并说明理由。

第十条　登记试验应当由国务院农业主管部门认定的登记试验单位按照国务院农业主管部门的规定进行。

与已取得中国农药登记的农药组成成分、使用范围和使用方法相同的农药，免予残留、环境试验，但已取得中国农药登记的农药依照本条例第十五条的规定在登记资料保护期内的，应当经农药登记证持有人授权同意。

登记试验单位应当对登记试验报告的真实性负责。

第十一条　登记试验结束后，申请人应当向所在地省、自治区、直辖市人民政府农业主管部门提出农药登记申请，并提交登记试验报告、标签样张和农药产品质量标准及其检验方法等申请资料；申请新农药登记的，还应当提供农药标准品。

省、自治区、直辖市人民政府农业主管部门应当自受理申请之日起20个工作日内提出初审意见，并报送国务院农业主管部门。

向中国出口农药的企业申请农药登记的，应当持本条第一款规定的资料、农药标准品以及在有关国家（地区）登记、使用的证明材料，向国务院农业主管部门提出申请。

第十二条　国务院农业主管部门受理申请或者收到省、自治区、直辖市人民政府农业主管部门报送的申请资料后，应当组织审查和登记评审，并自收到评审意见之日起20个工作日内作出审批决定，符合条件的，核发农药登记证；不符合条件的，书面通知申请人并说明理由。

第十三条　农药登记证应当载明农药名称、剂型、有效成分及其含量、毒性、使用范围、使用方法和剂量、登记证持有人、登记证号以及有效期等事项。

农药登记证有效期为5年。有效期届满，需要继续生产农药或者向中国出口农药的，农药登记证持有人应当在有效期届满90日前向国务院农业主管部门申请延续。

农药登记证载明事项发生变化的，农药登记证持有人应当按照国务院农业主管部门的规定申请变更农药登记证。

国务院农业主管部门应当及时公告农药登记证核发、延续、变更情况以及有关的农药产品质量标准号、残留限量规定、检验方法、经核准的标签等信息。

第十四条　新农药研制者可以转让其已取得登记的新农药的登记资料；农药生产企业可以向具有相应生产能力的农药生产企业转让其已取得登记的

农药的登记资料。

第十五条　国家对取得首次登记的、含有新化合物的农药的申请人提交的其自己所取得且未披露的试验数据和其他数据实施保护。

自登记之日起6年内，对其他申请人未经已取得登记的申请人同意，使用前款规定的数据申请农药登记的，登记机关不予登记；但是，其他申请人提交其自己所取得的数据的除外。

除下列情况外，登记机关不得披露本条第一款规定的数据：

（一）公共利益需要；

（二）已采取措施确保该类信息不会被不正当地进行商业使用。

第三章　农药生产

第十六条　农药生产应当符合国家产业政策。国家鼓励和支持农药生产企业采用先进技术和先进管理规范，提高农药的安全性、有效性。

第十七条　国家实行农药生产许可制度。农药生产企业应当具备下列条件，并按照国务院农业主管部门的规定向省、自治区、直辖市人民政府农业主管部门申请农药生产许可证：

（一）有与所申请生产农药相适应的技术人员；

（二）有与所申请生产农药相适应的厂房、设施；

（三）有对所申请生产农药进行质量管理和质量检验的人员、仪器和设备；

（四）有保证所申请生产农药质量的规章制度。

省、自治区、直辖市人民政府农业主管部门应当自受理申请之日起20个工作日内作出审批决定，必要时应当进行实地核查。符合条件的，核发农药生产许可证；不符合条件的，书面通知申请人并说明理由。

安全生产、环境保护等法律、行政法规对企业生产条件有其他规定的，农药生产企业还应当遵守其规定。

第十八条　农药生产许可证应当载明农药生产企业名称、住所、法定代表人（负责人）、生产范围、生产地址以及有效期等事项。

农药生产许可证有效期为5年。有效期届满，需要继续生产农药的，农药生产企业应当在有效期届满90日前向省、自治区、直辖市人民政府农业主管部门申请延续。

农药生产许可证载明事项发生变化的，农药生产企业应当按照国务院农业主管部门的规定申请变更农药生产许可证。

第十九条　委托加工、分装农药的，委托人应当取得相应的农药登记证，受托人应当取得农药生产许可证。

委托人应当对委托加工、分装的农药质量负责。

第二十条　农药生产企业采购原材料，应当查验产品质量检验合格证和有关许可证明文件，不得采购、使用未依法附具产品质量检验合格证、未依法取得有关许可证明文件的原材料。

农药生产企业应当建立原材料进货记录制度，如实记录原材料的名称、有关许可证明文件编号、规格、数量、供货人名称及其联系方式、进货日期等内容。原材料进货记录应当保存2年以上。

第二十一条　农药生产企业应当严格按照产品质量标准进行生产，确保农药产品与登记农药一致。农药出厂销售，应当经质量检验合格并附具产品质量检验合格证。

农药生产企业应当建立农药出厂销售记录制度，如实记录农药的名称、规格、数量、生产日期和批号、产品质量检验信息、购货人名称及其联系方式、销售日期等内容。农药出厂销售记录应当保存2年以上。

第二十二条　农药包装应当符合国家有关规定，并印制或者贴有标签。国家鼓励农药生产企业使用可回收的农药包装材料。

农药标签应当按照国务院农业主管部门的规定，以中文标注农药的名称、剂型、有效成分及其含量、毒性及其标识、使用范围、使用方法和剂量、使用技术要求和注意事项、生产日期、可追溯电子信息码等内容。

剧毒、高毒农药以及使用技术要求严格的其他农药等限制使用农药的标签还应当标注"限制使用"字样，并注明使用的特别限制和特殊要求。用于食用农产品的农药的标签还应当标注安全间隔期。

第二十三条　农药生产企业不得擅自改变经核准的农药的标签内容，不得在农药的标签中标注虚假、误导使用者的内容。

农药包装过小，标签不能标注全部内容的，应当同时附具说明书，说明书的内容应当与经核准的标签内容一致。

第四章　农药经营

第二十四条　国家实行农药经营许可制度，但经营卫生用农药的除外。农药经营者应当具备下列条件，并按照国务院农业主管部门的规定向县级以上地方人民政府农业主管部门申请农药经营许可证：

（一）有具备农药和病虫害防治专业知识，熟悉农药管理规定，能够指导安全合理使用农药的经营人员；

（二）有与其他商品以及饮用水水源、生活区域等有效隔离的营业场所和仓储场所，并配备与所申请经营农药相适应的防护设施；

（三）有与所申请经营农药相适应的质量管理、台账记录、安全防护、应急处置、仓储管理等制度。

经营限制使用农药的，还应当配备相应的用药指导和病虫害防治专业技术人员，并按照所在地省、自治区、直辖市人民政府农业主管部门的规定实行定点经营。

县级以上地方人民政府农业主管部门应当自受理申请之日起20个工作日内作出审批决定。符合条件的，核发农药经营许可证；不符合条件的，书面通知申请人并说明理由。

第二十五条　农药经营许可证应当载明农药经营者名称、住所、负责人、经营范围以及有效期等事项。

农药经营许可证有效期为5年。有效期届满，需要继续经营农药的，农药经营者应当在有效期届满90日前向发证机关申请延续。

农药经营许可证载明事项发生变化的，农药经营者应当按照国务院农业主管部门的规定申请变更农药经营许可证。

取得农药经营许可证的农药经营者设立分支机构的，应当依法申请变更农药经营许可证，并向分支机构所在地县级以上地方人民政府农业主管部门备案，其分支机构免予办理农药经营许可证。农药经营者应当对其分支机构的经营活动负责。

第二十六条　农药经营者采购农药应当查验产品包装、标签、产品质量检验合格证以及有关许可证明文件，不得向未取得农药生产许可证的农药生产企业或者未取得农药经营许可证的其他农药经营者采购农药。

农药经营者应当建立采购台账，如实记录农药的名称、有关许可证明文件编号、规格、数量、生产企业和供货人名称及其联系方式、进货日期等内容。采购台账应当保存2年以上。

第二十七条　农药经营者应当建立销售台账，如实记录销售农药的名称、规格、数量、生产企业、购买人、销售日期等内容。销售台账应当保存2年以上。

农药经营者应当向购买人询问病虫害发生情况并科学推荐农药，必要时应当实地查看病虫害发生情况，并正确说明农药的使用范围、使用方法和剂量、使用技术要求和注意事项，不得误导购买人。

经营卫生用农药的，不适用本条第一款、第二款的规定。

第二十八条　农药经营者不得加工、分装农药，不得在农药中添加任何物质，不得采购、销售包装和标签不符合规定，未附具产品质量检验合格证，未取得有关许可证明文件的农药。

经营卫生用农药的，应当将卫生用农药与其他商品分柜销售；经营其他农药的，不得在农药经营场所内经营食品、食用农产品、饲料等。

第二十九条　境外企业不得直接在中国销售农药。境外企业在中国销售农药的，应当依法在中国设立销售机构或者委托符合条件的中国代理机构销售。

向中国出口的农药应当附具中文标签、说明书，符合产品质量标准，并经出入境检验检疫部门依法检验合格。禁止进口未取得农药登记证的农药。

办理农药进出口海关申报手续，应当按照海关总署的规定出示相关证明文件。

第五章　农药使用

第三十条　县级以上人民政府农业主管部门应当加强农药使用指导、服务工作，建立健全农药安全、合理使用制度，并按照预防为主、综合防治的要求，组织推广农药科学使用技术，规范农药使用行为。林业、粮食、卫生等部门应当加强对林业、储粮、卫生用农药安全、合理使用的技术指导，环境保护主管部门应当加强对农药使用过程中环境保护和污染防治的技术指导。

第三十一条　县级人民政府农业主管部门应当组织植物保护、农业技术推广等机构向农药使用者提供免费技术培训，提高农药安全、合理使用水平。

国家鼓励农业科研单位、有关学校、农民专业合作社、供销合作社、农业社会化服务组织和专业人员为农药使用者提供技术服务。

第三十二条　国家通过推广生物防治、物理防治、先进施药器械等措施，逐步减少农药使用量。

县级人民政府应当制定并组织实施本行政区域的农药减量计划；对实

施农药减量计划、自愿减少农药使用量的农药使用者，给予鼓励和扶持。

县级人民政府农业主管部门应当鼓励和扶持设立专业化病虫害防治服务组织，并对专业化病虫害防治和限制使用农药的配药、用药进行指导、规范和管理，提高病虫害防治水平。

县级人民政府农业主管部门应当指导农药使用者有计划地轮换使用农药，减缓危害农业、林业的病、虫、草、鼠和其他有害生物的抗药性。

乡、镇人民政府应当协助开展农药使用指导、服务工作。

第三十三条　农药使用者应当遵守国家有关农药安全、合理使用制度，妥善保管农药，并在配药、用药过程中采取必要的防护措施，避免发生农药使用事故。

限制使用农药的经营者应当为农药使用者提供用药指导，并逐步提供统一用药服务。

第三十四条　农药使用者应当严格按照农药的标签标注的使用范围、使用方法和剂量、使用技术要求和注意事项使用农药，不得扩大使用范围、加大用药剂量或者改变使用方法。

农药使用者不得使用禁用的农药。

标签标注安全间隔期的农药，在农产品收获前应当按照安全间隔期的要求停止使用。

剧毒、高毒农药不得用于防治卫生害虫，不得用于蔬菜、瓜果、茶叶、菌类、中草药材的生产，不得用于水生植物的病虫害防治。

第三十五条　农药使用者应当保护环境，保护有益生物和珍稀物种，不得在饮用水水源保护区、河道内丢弃农药、农药包装物或者清洗施药器械。

严禁在饮用水水源保护区内使用农药，严禁使用农药毒鱼、虾、鸟、兽等。

第三十六条　农产品生产企业、食品和食用农产品仓储企业、专业化病虫害防治服务组织和从事农产品生产的农民专业合作社等应当建立农药使用记录，如实记录使用农药的时间、地点、对象以及农药名称、用量、生产企业等。农药使用记录应当保存2年以上。

国家鼓励其他农药使用者建立农药使用记录。

第三十七条　国家鼓励农药使用者妥善收集农药包装物等废弃物；农药生产企业、农药经营者应当回收农药废弃物，防止农药污染环境和农药中毒事故的发生。具体办法由国务院环境保护主管部门会同国务院农业主管部门、国务院财政部门等部门制定。

第三十八条 发生农药使用事故，农药使用者、农药生产企业、农药经营者和其他有关人员应当及时报告当地农业主管部门。

接到报告的农业主管部门应当立即采取措施，防止事故扩大，同时通知有关部门采取相应措施。造成农药中毒事故的，由农业主管部门和公安机关依照职责权限组织调查处理，卫生主管部门应当按照国家有关规定立即对受到伤害的人员组织医疗救治；造成环境污染事故的，由环境保护等有关部门依法组织调查处理；造成储粮药剂使用事故和农作物药害事故的，分别由粮食、农业等部门组织技术鉴定和调查处理。

第三十九条 因防治突发重大病虫害等紧急需要，国务院农业主管部门可以决定临时生产、使用规定数量的未取得登记或者禁用、限制使用的农药，必要时应当会同国务院对外贸易主管部门决定临时限制出口或者临时进口规定数量、品种的农药。

前款规定的农药，应当在使用地县级人民政府农业主管部门的监督和指导下使用。

第六章　监督管理

第四十条 县级以上人民政府农业主管部门应当定期调查统计农药生产、销售、使用情况，并及时通报本级人民政府有关部门。

县级以上地方人民政府农业主管部门应当建立农药生产、经营诚信档案并予以公布；发现违法生产、经营农药的行为涉嫌犯罪的，应当依法移送公安机关查处。

第四十一条 县级以上人民政府农业主管部门履行农药监督管理职责，可以依法采取下列措施：

（一）进入农药生产、经营、使用场所实施现场检查；

（二）对生产、经营、使用的农药实施抽查检测；

（三）向有关人员调查了解有关情况；

（四）查阅、复制合同、票据、账簿以及其他有关资料；

（五）查封、扣押违法生产、经营、使用的农药，以及用于违法生产、经营、使用农药的工具、设备、原材料等；

（六）查封违法生产、经营、使用农药的场所。

第四十二条 国家建立农药召回制度。农药生产企业发现其生产的农药对农业、林业、人畜安全、农产品质量安全、生态环境等有严重危害或者较大风险的，应当立即停止生产，通知有关经营者和使用者，向所在地农业主管部门报告，主动召回产品，并记录通知和召回情况。

农药经营者发现其经营的农药有前款规定的情形的，应当立即停止销售，通知有关生产企业、供货人和购买人，向所在地农业主管部门报告，并记录停止销售和通知情况。

农药使用者发现其使用的农药有本条第一款规定的情形的，应当立即停止使用，通知经营者，并向所在地农业主管部门报告。

第四十三条 国务院农业主管部门和省、自治区、直辖市人民政府农业主管部门应当组织负责农药检定工作的机构、植物保护机构对已登记农药的安全性和有效性进行监测。

发现已登记农药对农业、林业、人畜安全、农产品质量安全、生态环境等有严重危害或者较大风险的，国务院农业主管部门应当组织农药登记评审委员会进行评审，根据评审结果撤销、变更相应的农药登记证，必要时应当决定禁用或者限制使用并予以公告。

第四十四条 有下列情形之一的，认定为假农药：

（一）以非农药冒充农药；

（二）以此种农药冒充他种农药；

（三）农药所含有效成分种类与农药的标签、说明书标注的有效成分不符。

禁用的农药，未依法取得农药登记证而生产、进口的农药，以及未附具标签的农药，按照假农药处理。

第四十五条 有下列情形之一的，认定为劣质农药：

（一）不符合农药产品质量标准；

（二）混有导致药害等有害成分。

超过农药质量保证期的农药，按照劣质农药处理。

第四十六条 假农药、劣质农药和回收的农药废弃物等应当交由具有危险废物经营资质的单位集中处置，处置费用由相应的农药生产企业、农药经营者承担；农药生产企业、农药经营者不明确的，处置费用由所在地县级人民政府财政列支。

第四十七条 禁止伪造、变造、转让、出租、出借农药登记证、农药生产许可证、农药经营许可证等许可证明文件。

第四十八条 县级以上人民政府农业主管部门及其工作人员和负责农

药检定工作的机构及其工作人员，不得参与农药生产、经营活动。

第七章　法律责任

第四十九条　县级以上人民政府农业主管部门及其工作人员有下列行为之一的，由本级人民政府责令改正；对负有责任的领导人员和直接责任人员，依法给予处分；负有责任的领导人员和直接责任人员构成犯罪的，依法追究刑事责任：

（一）不履行监督管理职责，所辖行政区域的违法农药生产、经营活动造成重大损失或者恶劣社会影响；

（二）对不符合条件的申请人准予许可或者对符合条件的申请人拒不准予许可；

（三）参与农药生产、经营活动；

（四）有其他徇私舞弊、滥用职权、玩忽职守行为。

第五十条　农药登记评审委员会组成人员在农药登记评审中谋取不正当利益的，由国务院农业主管部门从农药登记评审委员会除名；属于国家工作人员的，依法给予处分；构成犯罪的，依法追究刑事责任。

第五十一条　登记试验单位出具虚假登记试验报告的，由省、自治区、直辖市人民政府农业主管部门没收违法所得，并处5万元以上10万元以下罚款；由国务院农业主管部门从登记试验单位中除名，5年内不再受理其登记试验单位认定申请；构成犯罪的，依法追究刑事责任。

第五十二条　未取得农药生产许可证生产农药或者生产假农药的，由县级以上地方人民政府农业主管部门责令停止生产，没收违法所得、违法生产的产品和用于违法生产的工具、设备、原材料等，违法生产的产品货值金额不足1万元的，并处5万元以上10万元以下罚款，货值金额1万元以上的，并处货值金额10倍以上20倍以下罚款，由发证机关吊销农药生产许可证和相应的农药登记证；构成犯罪的，依法追究刑事责任。

取得农药生产许可证的农药生产企业不再符合规定条件继续生产农药的，由县级以上地方人民政府农业主管部门责令限期整改；逾期拒不整改或者整改后仍不符合规定条件的，由发证机关吊销农药生产许可证。

农药生产企业生产劣质农药的，由县级以上地方人民政府农业主管部门责令停止生产，没收违法所得、违法生产的产品和用于违法生产的工具、设备、原材料等，违法生产的产品货值金额不足1万元的，并处1万元以

上5万元以下罚款，货值金额1万元以上的，并处货值金额5倍以上10倍以下罚款；情节严重的，由发证机关吊销农药生产许可证和相应的农药登记证；构成犯罪的，依法追究刑事责任。

委托未取得农药生产许可证的受托人加工、分装农药，或者委托加工、分装假农药、劣质农药的，对委托人和受托人均依照本条第一款、第三款的规定处罚。

第五十三条　农药生产企业有下列行为之一的，由县级以上地方人民政府农业主管部门责令改正，没收违法所得、违法生产的产品和用于违法生产的原材料等，违法生产的产品货值金额不足1万元的，并处1万元以上2万元以下罚款，货值金额1万元以上的，并处货值金额2倍以上5倍以下罚款；拒不改正或者情节严重的，由发证机关吊销农药生产许可证和相应的农药登记证：

（一）采购、使用未依法附具产品质量检验合格证、未依法取得有关许可证明文件的原材料；

（二）出厂销售未经质量检验合格并附具产品质量检验合格证的农药；

（三）生产的农药包装、标签、说明书不符合规定；

（四）不召回依法应当召回的农药。

第五十四条　农药生产企业不执行原材料进货、农药出厂销售记录制度，或者不履行农药废弃物回收义务的，由县级以上地方人民政府农业主管部门责令改正，处1万元以上5万元以下罚款；拒不改正或者情节严重的，由发证机关吊销农药生产许可证和相应的农药登记证。

第五十五条　农药经营者有下列行为之一的，由县级以上地方人民政府农业主管部门责令停止经营，没收违法所得、违法经营的农药和用于违法经营的工具、设备等，违法经营的农药货值金额不足1万元的，并处5000元以上5万元以下罚款，货值金额1万元以上的，并处货值金额5倍以上10倍以下罚款；构成犯罪的，依法追究刑事责任：

（一）违反本条例规定，未取得农药经营许可证经营农药；

（二）经营假农药；

（三）在农药中添加物质。

有前款第二项、第三项规定的行为，情节严重的，还应当由发证机关吊销农药经营许可证。

取得农药经营许可证的农药经营者不再符合规定条件继续经营农药的，由县级以上地方人民政府农业主管部门责令限期整改；逾期拒不整改或者整改后仍不符合规定条件的，由发证机关吊销农药经营许可证。

第五十六条 农药经营者经营劣质农药的，由县级以上地方人民政府农业主管部门责令停止经营，没收违法所得、违法经营的农药和用于违法经营的工具、设备等，违法经营的农药货值金额不足1万元的，并处2000元以上2万元以下罚款，货值金额1万元以上的，并处货值金额2倍以上5倍以下罚款；情节严重的，由发证机关吊销农药经营许可证；构成犯罪的，依法追究刑事责任。

第五十七条 农药经营者有下列行为之一的，由县级以上地方人民政府农业主管部门责令改正，没收违法所得和违法经营的农药，并处5000元以上5万元以下罚款；拒不改正或者情节严重的，由发证机关吊销农药经营许可证：

（一）设立分支机构未依法变更农药经营许可证，或者未向分支机构所在地县级以上地方人民政府农业主管部门备案；

（二）向未取得农药生产许可证的农药生产企业或者未取得农药经营许可证的其他农药经营者采购农药；

（三）采购、销售未附具产品质量检验合格证或者包装、标签不符合规定的农药；

（四）不停止销售依法应当召回的农药。

第五十八条 农药经营者有下列行为之一的，由县级以上地方人民政府农业主管部门责令改正；拒不改正或者情节严重的，处2000元以上2万元以下罚款，并由发证机关吊销农药经营许可证：

（一）不执行农药采购台账、销售台账制度；

（二）在卫生用农药以外的农药经营场所内经营食品、食用农产品、饲料等；

（三）未将卫生用农药与其他商品分柜销售；

（四）不履行农药废弃物回收义务。

第五十九条 境外企业直接在中国销售农药的，由县级以上地方人民政府农业主管部门责令停止销售，没收违法所得、违法经营的农药和用于违法经营的工具、设备等，违法经营的农药货值金额不足5万元的，并处5万元以上50万元以下罚款，货值金额5万元以上的，并处货值金额10倍以上20倍以下罚款，由发证机关吊销农药登记证。

取得农药登记证的境外企业向中国出口劣质农药情节严重或者出口假农药的，由国务院农业主管部门吊销相应的农药登记证。

第六十条　农药使用者有下列行为之一的，由县级人民政府农业主管部门责令改正，农药使用者为农产品生产企业、食品和食用农产品仓储企业、专业化病虫害防治服务组织和从事农产品生产的农民专业合作社等单位的，处5万元以上10万元以下罚款，农药使用者为个人的，处1万元以下罚款；构成犯罪的，依法追究刑事责任：

（一）不按照农药的标签标注的使用范围、使用方法和剂量、使用技术要求和注意事项、安全间隔期使用农药；

（二）使用禁用的农药；

（三）将剧毒、高毒农药用于防治卫生害虫，用于蔬菜、瓜果、茶叶、菌类、中草药材生产或者用于水生植物的病虫害防治；

（四）在饮用水水源保护区内使用农药；

（五）使用农药毒鱼、虾、鸟、兽等；

（六）在饮用水水源保护区、河道内丢弃农药、农药包装物或者清洗施药器械。

有前款第二项规定的行为的，县级人民政府农业主管部门还应当没收禁用的农药。

第六十一条　农产品生产企业、食品和食用农产品仓储企业、专业化病虫害防治服务组织和从事农产品生产的农民专业合作社等不执行农药使用记录制度的，由县级人民政府农业主管部门责令改正；拒不改正或者情节严重的，处2000元以上2万元以下罚款。

第六十二条　伪造、变造、转让、出租、出借农药登记证、农药生产许可证、农药经营许可证等许可证明文件的，由发证机关收缴或者予以吊销，没收违法所得，并处1万元以上5万元以下罚款；构成犯罪的，依法追究刑事责任。

第六十三条　未取得农药生产许可证生产农药，未取得农药经营许可证经营农药，或者被吊销农药登记证、农药生产许可证、农药经营许可证的，其直接负责的主管人员10年内不得从事农药生产、经营活动。

农药生产企业、农药经营者招用前款规定的人员从事农药生产、经营活动的，由发证机关吊销农药生产许可证、农药经营许可证。

被吊销农药登记证的，国务院农业主管部门5年内不再受理其农药登记申请。

第六十四条　生产、经营的农药造成农药使用者人身、财产损害的，农药使用者可以向农药生产企业要求赔偿，也可以向农药经营者要求赔偿。

属于农药生产企业责任的，农药经营者赔偿后有权向农药生产企业追偿；属于农药经营者责任的，农药生产企业赔偿后有权向农药经营者追偿。

第八章　附　则

第六十五条　申请农药登记的，申请人应当按照自愿有偿的原则，与登记试验单位协商确定登记试验费用。

第六十六条　本条例自 2017 年 6 月 1 日起施行。